U0336911

高效能法则

不卷不焦虑，做更多对你重要的事

[英] **阿里·阿布达尔**（Ali Abdaal）/ 著

李梅 / 译

Feel-Good
Productivity

How To Achieve More Of
What Matters To You

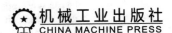

机械工业出版社
CHINA MACHINE PRESS

本书是对忙碌文化的抗争，以及应对高负荷日常的"解毒剂"。大多数图书都告诉你要更努力地工作，更早地起床，更多地沉浸于努力的状态，本书则提供了一种方法，帮助你在忧虑更少、更愉悦的情况下收获更多。

在这本既实用又振奋人心的指南中，效率专家阿里·阿布达尔指出，能否实现目标不在于你有多努力，而是取决于你如何享受达成目标的过程。如果你能让工作变得有趣，效率自然会提高。书中，作者介绍了提高效率的 3 个隐藏的"激励因素"，必须克服的 3 个"阻碍因素"，以及防止倦怠和帮助我们实现持久成就感的 3 个"维持因素"。结合前沿心理学研究成果，作者以企业家、奥运选手和诺贝尔奖获得者的真实经历为例，总结提炼了 10 年来持续研究"如何让人过得更好、达成更多目标"的成果，给出了提升个人效能简便易行、可实操的方法。

图书在版编目（CIP）数据
高效能法则：不卷不焦虑，做更多对你重要的事 /（英）阿里·阿布达尔（Ali Abdaal）著；李梅译 .
北京：机械工业出版社，2024.10（2025.2 重印）. -- ISBN 978-7-111-76522-6

Ⅰ. B848.4-49

中国国家版本馆 CIP 数据核字第 2024FU8275 号

机械工业出版社（北京市百万庄大街 22 号　邮政编码 100037）
策划编辑：秦　诗　　　　　　　　责任编辑：秦　诗　　高珊珊
责任校对：李　霞　张慧敏　景　飞　责任印制：单爱军
保定市中画美凯印刷有限公司印刷
2025 年 2 月第 1 版第 2 次印刷
147mm×210mm · 9.375 印张 · 1 插页 · 147 千字
标准书号：ISBN 978-7-111-76522-6
定价：69.00 元

电话服务　　　　　　　　　　网络服务
客服电话：010-88361066　　机 工 官 网：www.cmpbook.com
　　　　　010-88379833　　机 工 官 博：weibo.com/cmp1952
　　　　　010-68326294　　金 书 网：www.golden-book.com
封底无防伪标均为盗版　　机工教育服务网：www.cmpedu.com

献 给

米米和纳尼，
谢谢你们的关爱、支持与牺牲。

赞誉 ✓

　　非常好的一本书。阿里·阿布达尔接受的是医学院的训练，他懂得如何做研究……如果你正困于一份不喜欢的工作，或发现自己很难对工作产生热情，那么这本书正好适合你……阿里·阿布达尔并不建议我们盲目追求做更多的事，也不建议我们想方设法使自己变得更有效率。因为那样的话，随之而来的将是不快乐和倦怠感。

——《金融时报》

　　阿里·阿布达尔以一种亲切、易读的风格对生产力方面的研究成果和专家观点进行了叙述，为读者提供了实用性强、引人思考的指导建议。如果你正被日常工作压得喘不过气来，你会从这本书中找到慰藉和灵感，并开始制订你的游戏计划。

——《书单》杂志

阿里·阿布达尔具有一项超乎常人的能力，那就是他能够以一种有趣好玩的方式处理信息……这本书是一本指南，让我们更加清晰地认识自己。

——《福布斯》杂志

这本书是抵制当下忙碌文化的一服良药，它让充满雄心壮志、意欲取得长久成功的人们认清现实。关于如何提高生产力，这本书提供了最实用的方法。我想说，所有人都应该学习这些方法。

——《重塑幸福》作者　马克·曼森（Mark Manson）

阿里·阿布达尔这本重要的新书让人大开眼界。作者颠覆了关于生产力的传统叙事，认为完成重要的事情不在于提高效率，而在于为工作培育深层的能量。这真的开启了我对生产力问题的思考。

——乔治敦大学教授，《深度工作》（*Deep Work*）、

《数字极简》（*Digital Minimalism*）作者

卡尔·纽波特（Cal Newport）

如何提高生产力而不牺牲自己的幸福？阿里·阿布达尔绝对是这一领域的大师。这是一本我们期待已久的书。

——《为什么没人早点告诉我？》
（*Why Has Nobody Told Me This Before?*）作者
朱莉·史密斯（Julie Smith）

阿里·阿布达尔看待生产力的方式十分与众不同，而且它会改变你的生活。如果你想以一种全新的方式体验生产力带来的力量，请一定阅读这本书。

——牛津大学教授，《我们对未来的责任》
（*What We Owe the Future*）、
《好上加好》（*Doing Good Better*）作者
威尔·麦卡斯基尔（Will MacAskill）

阿里·阿布达尔是一位医生、企业家、教育家。他关于生产力的观点独特而实用。他的书有理有据，故事取材真实，文风清爽悦人。这本书就像一本细致入微的生产力指南，帮助你开启自己与工作之间更真诚的关系。

——尼斯实验室（Ness Labs）创始人，
《阈限思维》（*Liminal Minds*）作者
安妮-劳尔·勒·坎夫（Anne-Laure Le Cunff）

阿里·阿布达尔绝不是你所熟知的那种脾气暴躁、西装革履的心理学大师，他是一位快乐而乐观的生产力老师，是我们这个世界迫切需要的一位老师。这本书充分体现了他引人入胜的写作风格，读后定会让你的人生变得更加美好。一定要读！

——谷歌 X 前首席商务官，

《快乐算法》(*Solve for Happy*)、

《可怕的智能》(*Scary Smart*) 作者

莫·乔达特 (Mo Gawdat)

提高生产力不必损害自己。阿里·阿布达尔改变了我们对如何完成更多事情的固有看法。你确实可以兼顾快乐与成功。

——《每天都要活得精彩》(*Live Well Every Day*)、

《心灵手册》(*The Mind Manual*) 作者

亚历克斯·乔治 (Alex George)

阿里·阿布达尔让我学到了正念生产力，这是其他人所不能比的。他善于将复杂的话题简单化，并为我们提供可行的建议。真是一部杰作！

——"好奇日志"博客 (The Curiosity Chronicle) 创作者，

《财富谎言》(*The Wealth Lie*) 作者

萨希尔·布鲁姆 (Sahil Bloom)

阿里·阿布达尔是一位生产力大师。他拥有别人所不具备的一项天赋，那就是把复杂的想法精炼成有趣、易懂、可行的见解。

——《快乐性感百万富翁》（*Happy Sexy Millionaire*）、

《CEO 日记》（*The Diary of A CEO*）作者

史蒂文·巴特利特（Steven Bartlett）

如果你正为自己做得不够多而感到内疚和羞愧，这本书将使你获得解放，并指导你取得超乎想象的成就。

——《像高手一样思考》（*Think Like a Monk*）作者

杰伊·谢蒂（Jay Shetty）

目录 ✅

"圣诞快乐，阿里！千万不要治死哪个病人哈。"我的指导医生跟我说完这些话，就轻松地挂了电话。现在只留下我一个人处理整个病房的事务了。彼时的我刚刚取得初级医师资格，作为一名职场菜鸟，三周前我犯了一个大错：忘记填写休假申请表了。现在可倒好，别人在过圣诞节，我却一个人在管理整个病房。

事情一开始就不顺，而且很快变得更糟。我一到医院，就需要处理一大堆让人头疼的事情：写病历，写诊断书，处理那些稀奇古怪的影像检查申请单。说实话，让放射科住院医生来处理这些工作，真不比找一位经验丰富的考古学家来做好到哪儿去。几分钟后，我就接到当天第一个紧急病例：一名 50 多岁的男子因严重的心脏停搏晕倒在地。接着护士告诉我，还有一位病人需要马上人工清肠（你知道这意味着什么吧）。

那是上午 10:30。我环顾了一下整个病区。A 走廊，护士珍妮斯臂弯里抱着一大堆静脉输液管和病人用药表，急匆匆地来回奔跑；B 走廊，一位倔强的老年病人大声嚷嚷着要找到他那副放错地方的假牙；C 走廊，一位从急诊区跑出来的醉鬼在那儿大喊着："奥利芙！奥利芙！"（我一直都不知道奥利芙是谁。）每一分钟，都有人向我提出新的要求："阿里医生，约翰逊女士发烧了，您能快来检查一下吗？""阿里医生，辛格先生的钾升高了，您能帮忙处理一下吗？"

我很快便发现自己有点恐慌。医学院可没教我如何处理这些情况。在此之前，我一直都是一名很高效的学生。每当遇到挑战，我都采用一个简单的策略：加倍努力。靠着努力，我 7 年前如愿考上医学院，还在学术期刊发表了一些论文，甚至还在上学期间完成一次创业。我所知道的唯一提升效率的方法就是艰苦训练，而且它总能奏效。

而现在，我的方法不管用了。自从几个月前当上医生以来，我就觉得自己像在溺水一样。即使我工作到深夜，也无法看完我需要看的病人，也无法写完我必须写的文件。我的心情很糟糕：我是那么喜欢我所接受的医学训练，但是实际工作却让我非常沮丧，因为我总是担心自己会操作失误治死某个病人。我放弃了睡觉，不和朋友交往，就连家人也不怎么联系。我加倍努力地工作。

现在却变成这样。在圣诞节这天，我得独自管理病房，这个任务肯定完不成了。

最糟糕的是，我不小心把一盘子医疗用品掉到地上，油毡地板上到处散落着注射器。我低头绝望地看着湿漉漉的工作服，意识到我必须想办法解决这些问题，否则，成为一名外科医生的梦想就会化为泡影。

我摘下听诊器，抓起一个肉馅饼，打开笔记本电脑。我曾经是那么高效。难道我忘记了什么重要的东西吗？上医学院的第一年，我曾痴迷于研究效率[⊖]的秘密。我通宵达旦地研究了数以百计的关于如何获得最佳工作效率的文章、博客和视频，并做了大量笔记。我发现所有大师都强调了刻苦训

⊖ 本书中的"效率""生产力"均译自英文 productivity 一词。——译者注

练的重要性。经常有人引用穆罕默德·阿里的一句话："我讨厌训练的每一分钟，但我对自己说：'不要放弃。现在吃苦，今后你就是冠军。'"

圣诞节后的节礼日那天，我熬夜研究之前那些笔记。我在想，是不是在这方面我做得还不够？我是不是需要重新找回之前的工作热情？但是第二天我回到工作岗位，决心付出更多时，我发现结果并无两样。尽管我在病房里工作到午夜，尽管我在上厕所的时候还默默背诵了穆罕默德·阿里的话，但我并没有更快地写完那些文件。我的病人面对的依然是一个疲惫不堪且无效率的阿里。我也一点没有感受到圣诞节该有的快乐。

在这最艰难的一天结束时，我感觉自己完全被淹没了。突然，我的脑子里不知从哪儿冒出来我年老的导师巴克利博士的一句至理名言："当一个病人的治疗方案不起作用时，那你就要怀疑诊断结果了。"

慢慢地，然后突然一瞬间，我开始怀疑我所信奉的关于提高效率的那些建议。成功真的必须吃苦吗？那到底什么是成功？吃苦能持久吗？承受巨大压力有助于解决问题吗？我必须以健康和快乐为代价来换取什么东西吗？

我在困惑、混乱中跌跌撞撞几个月，终于走上一条启悟之路：我所知道的关于成功的说法都是错的。在成为一名优秀医生这件事上，我不能太着急。加倍努力地工作不会给我带来快乐。通往成功还有另外一条道路：这条路不会让我一直焦虑不安、夜夜失眠，也不会让我过分依赖咖啡因。

我回答不了上面所有的问题，但是生平第一次，我找到另外一种方法。这种方法不需要你筋疲力尽地努力工作，但需要你知道怎样让自己在努力工作时感觉更好。这种方法首先关注自身的幸福感，其次关注如何利用这种幸福感调动自己的注意力并提升内驱力。我称这一方法为"好心情生产力"。

好心情生产力：一个惊人的秘密

当年读医学院的时候，我痴迷于效率问题，这驱使我额外花了一年的时间修了一个心理学的学位。当我开始整理关于好心情与工作效率的一些知识碎片时，我想起了自己上学时曾做过的一项实验，实验材料包括一支蜡烛、一包火柴和一盒图钉（见图 0-1）。

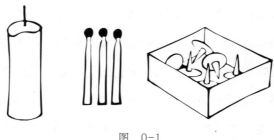

图　0-1

　　想象一下，你面前放着这三样物品。你的任务是将蜡烛固定在墙上的一块软木板上，而且要保证蜡烛被点燃时，蜡油不会滴到下面的桌子上。你可以一边思考，一边尝试摆弄这些物品，试试看，能想出解决方案吗？

　　面对这道题，大多数人只考虑到如何使用蜡烛、火柴和图钉。但是更有创新意识的人看到了图钉盒的潜在作用。这道题的最佳解决方案是：把图钉盒看作一个烛台，而不仅仅是一个容器（见图 0-2）。

　　这就是蜡烛问题，一个典型的创造力测试问题。它最初由卡尔·邓克尔（Karl Duncker）提出，相关理论在他去世后的 1945 年才得以发表。此后，它被广泛应用于无数项科学研究，用以测试人们的认知弹性、压力对心理造成的不良影响等。20 世纪 70 年代后期，心理学家爱丽丝·艾森

（Alice Isen）在此基础上设计了一项颇具影响力的实验，以研究情绪如何影响人的创造力。

图　0-2

艾森首先将志愿者分成两组。一组先得到一小袋糖果作为礼物，再开始做蜡烛问题测试。另外一组没有得到任何激励就开始进行测试。该理论认为，得到糖果的一组在解决问题时情绪会更积极一些。艾森确实发现了一个有趣的现象：那些因为得到糖果而稍微改善了情绪的人在解决蜡烛问题时比其他人成功率更高。

我在攻读心理学学位时初次接触到艾森的这个实验。当时我觉得它很有趣，但并没有完全改变我的思维方式。因为我当时一点儿也没有想把蜡烛固定到墙上的强烈愿望。但现在作为一名初级医生，再回顾这个实验时，我意识到艾森的观点非常深刻。它表明，拥有好心情不仅仅让我们感觉很好，实际上还会改变我们的思维和行为方式。

我现在才知道，此后一大波关于积极情绪对认知过程影响的研究都建立在上述研究的基础上。它表明，当我们处于积极的情绪时，我们能想到的行动方案更广泛，对新的体验更加开放，对信息的整合能力也更强。换句话说，好的心情提升了我们的创造性，从而提升了工作效率。

芭芭拉·弗雷德里克森（Barbara Fredrickson）是最早探索这项研究背后原理的人之一。她是北卡罗来纳大学教堂山分校的教授，也是积极心理学的领军人物。作为心理学一个较新的分支，积极心理学旨在理解和促进人类的幸福。20 世纪 90 年代后期，弗雷德里克森提出了关于积极情绪的"拓宽与构建"理论。

根据"拓宽与构建"理论，积极的情绪拓宽了我们的意识范围，构建起我们的认知和社会资源。"拓宽"是积极情绪的当下影响：当我们心情很好时，我们会敞开心扉，接收更多的信息，看到周围更多的可能性。想想上面提到的蜡烛问题：参与者情绪积极时，能够看到更多潜在的解决方案。

"构建"是积极情绪的长期影响：当我们情绪积极时，我们会构建起心理和情感的资源库，比如韧性、创造力、解决问题的技能、社会关系和身体健康，等等，这些资源将来会帮到我们。随着时间的推移，这两个过程相互促进，从而提升我们的正能量，促进个人成长，推动事业成功。

> ✈ **积极的情绪是人类成功的动力源泉。**

该理论提出了一种全新的思路来理解积极情绪在我们生活中的作用。积极情绪不单是来无影去无踪的瞬间感觉，它与我们的认知功能、社会关系和身心健康密不可分。

为什么"好心情生产力"有效

我开始学习"拓宽与构建"理论时，初步领悟到一种全新的生活视角。多年来，我一直以为只要加倍努力，我就能实现自己的理想。如果我想成为一名好医生，那么摆在我面前的路就只有艰苦不懈地努力。

现在，我看到了另外一条路。弗雷德里克森的理论认为，积极的情绪会改变我们大脑的运行方式。首先要让自己心情更好，然后你才能做更多重要的事情。

为什么是这样呢？我想知道答案。越往下读她的理论，我就越意识到这个问题有很多种解释，有的解释还不太明晰。但是科学家们已经开始锁定了几个答案。

首先，好心情能提升我们的能量。我们大多数人都感受过这样一种能量，确切地说，它并不是物理学或生物学意义上的能量，也不是来自糖或碳水化合物的那种能量。它来自动力、专注和鼓励。当你特别投入地做一项工作时，当你周围的人总是鼓励你时，你就会感受到这种能量。它有许多名字。心理学家将其称为"情感"能量、"精神"能量、"心理"能量或者"动机"能量；神经科学家称之为"热情""活力"或"能量的唤醒"。尽管研究人员没能在其命名上达成一致，但他们都认为，这种能量能让我们集中精力、受到鼓舞，动力满满地去追求我们的目标。

那么，这种神奇的能量来自哪里呢？简单地说，就是好的心情。积极情绪与四种激素紧密相关——内啡肽、血清素、多巴胺和催产素，而这四种激素通常被称为"让你产生好心情的激素"，它们都能让我们取得更多成就。内啡肽通常在我们进行体力活动、承受压力或感到疼痛时释放出来，它能带来愉悦感并减轻不适感，而内啡肽水平的升高通常与我们的能量和动力提升相关。血清素与我们的情绪调节、睡眠、食欲和身心幸福有关，它让我们产生满意感，并赋予我们高效完成任务的能量。多巴胺又被称为"奖励"激素，它与驱动力和愉悦感有关，它的释放能带来满足感，让我们更长时间地集中注意力。催产素被称为"爱"的激素，它与社会联系、信任和关系建设有关，能增强我们与他人的关系，提振我们的情绪，进而影响我们的工作效率。

所有这些都意味着，这些让人产生好心情的激素是良性循环的起点。当我们心情好时，我们就会产生能量，从而提高我们的工作效率。而效率的提高又会带来成就感，让我们重新产生好心情（见图 0-3）。

图　0-3

其次，好心情能减轻我们的压力。 除了"拓宽与构建"理论，芭芭拉·弗雷德里克森还提出了心理学家所说的"消除假说"理论。她和同事们对过去几十年的研究颇感兴趣，这些研究结果表明，负面情绪会导致肾上腺素和皮质醇等应激激素的释放。短期来说，这不是问题，因为正是这种反应机制帮助我们逃离危险。但如果我们经常经历这些负面情绪，我们就会变得焦虑不安，身体健康也会受到影响。这些激素持续处于活跃状态，甚至会增加患心脏病和高血压的风险。这不是我们想要的结果。

弗雷德里克森想知道上述事实的另外一面：如果消极情绪会对身体产生负面影响，那么积极情绪或许可以扭转这些影响。好的心情能否"重置"神经系统，让身体进入更放松的状态呢？

为了验证这个想法，弗雷德里克森提出了一个非常苛刻的实验。研究人员告诉受试者，他们有一分钟的时间来准备一次公开演讲，而且这次演讲将被拍下来，由同伴们进行评判。弗雷德里克森知道，害怕公开演讲几乎是一种普遍现象，因此她假设这会提高受试者的焦虑和压力水平。结果确实如此。受试者表示感到更加焦虑，心率和血压也有所上升。接下来，研究人员随机分配受试者观看四部电影中的一部：两部能激发人们轻微的积极情绪，第三部激发的是中性情绪，第四部激发的是悲伤情绪。然后，研究人员测试了他们从压力中"恢复"到原来状态所需的时间。

研究结果耐人寻味。观看激发积极情绪影片的受试者心率和血压恢复到基线状态所需的时间明显更短；而观看激发悲伤情绪影片的人恢复到基线状态所需的时间最长。

这就是"消除假说"：积极情绪可以"消除"压力和其他负面情绪的影响。如果是压力引起的问题，那么好心情可能是解决办法。

最后，好心情丰富了我们的生活。这是好心情的终极影响，可能也是最能改写人生的影响，它的作用不局限于某项具体的任务或项目。2005 年，一些心理学家阅读了他们所能找到的关于快乐与成功之间复杂关系的所有研究。他们深入研究了 225 篇已发表的论文，涉及超过 27.5 万人的数据。他们的问题是：是否像我们熟知的那样，成功会让我们更快乐？事实会不会恰恰相反呢？

这项研究提供了确凿的证据，证明我们往往对快乐有误解。经常体验积极情绪的人不仅更善于交际、更乐观、更有创造力，他们取得的成就也更高。他们给身边的人带来富有感染力的能量，更有可能享受美满的人际关系，获得更高的薪水，并在职业生涯中取得真正成功。那些在工作中培养积极情绪的人，会变成更好的问题解决者、规划者、创造性思考者和适应力强的进取者。他们感觉到的压力较小，能从上级那里得到更高的评价，对所在组织也表现出更高的忠诚度（见图 0-4）。

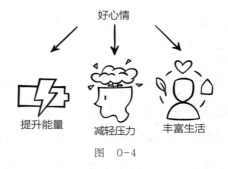

图　0-4

✈ **不是成功带来了好心情，而是好心情让你成功。**

简而言之：不是成功带来了好心情，而是好心情让你成功。

怎样使用本书

回望我刚当医生时的第一年，那段时期很痛苦，我也还远远没有今天这些发现，大部分的理念我都是在当医生几年以后才领悟到。我当时无休止地轮班，努力利用看病间隙的短暂休息时间开展我的工作效率研究。但即便是一些初步的发现，也足以让我与工作的关系发生巨大变化。当我开始放下对自律的执着，转而专注于让自己工作时感觉好一点，我可怕的轮班工作开始变得轻松起来。很快，我的心情也开始好转。我还记得，在我发现"好心情生产力"理论几个月后的一天，我给一位年长的患者看病。她说："你知道吗？医生，你可是这里第一个整个星期都在微笑的人。"

这些新的理念不仅改变了我的行医方式，也彻底改变了我的人生方向。多年来，我第一次看到了工作之外的诸多可能：我的友谊、我的家庭和其他我所热爱的事，此前，这些都被我忽视了。不久以后，我就想分享自己的发现。当时我已经运营一个 YouTube 账号好多年了，我曾在上面发布我的一些学习技巧和技术评论。现在，我开始分享我从心理学以及神经科学中学到的这些实用知识。我把自己当作"小白鼠"，不断检验我所学到的理论以及我觉得可能有效的一些方法。

随着我提出的"成功不必与痛苦挂钩"的激进理念逐渐深入人心，我开始收到越来越多读者的邮件。通过把我分享的方法付诸实践，有的高中生在考试中取得了优异成绩，有的企业主收入翻了一番，还有一些父母们更好地平衡了工作和家庭生活。即使是经验丰富的专业人士，在疲于奔命的工作中，也发现了新鲜的活力、满满的动力和全新的方向。

我自己也是如此。我读得越多，我的思想就越成熟。遵循着我学到的理念和方法，我逐渐意识到自己需要从医学中暂停下来，去追求一些新的东西。

也就是在那个时候，我知道自己必须要写这本书。本书所包含的内容，绝不是又一套让你不惜一切代价完成更多工作的效率体系。它帮助你了解如何做更多对你重要的事情。它将帮助你更好地了解自己，了解自己的所爱，了解什么才是你真正的动力。

我的方法分为三个部分，每个部分都针对"好心情生产力"的不同方面。第一部分解释了如何利用"好心情生产力"来为自己提升能量。它介绍了支撑积极情绪的三种能量源——玩、权力和人，并说明了如何将它们融入你的日常生活中。

第二部分探讨了"好心情生产力"如何帮助我们克服拖延症。你将了解到让我们感觉糟糕的三个"障碍"——不确定性、恐惧和惯性，以及如何克服它们。当你消除了这些障碍，你不仅能克服拖延症，心情也会更好。

第三部分探讨了我们如何长期保持"好心情生产力"。我们将深入探讨三种不同类型的倦怠：过度疲劳倦怠、耗竭性倦怠和错位性倦怠。我还将介绍如何使用三个简单的法宝：保存、充电和调整，助力我们保持长久的好心情，不仅仅局限于短暂的几天或几周，而是能够维持几个月甚至很多年。

本书每一章都有部分关于实用技巧的内容。但我写这本书的目的并不是为你提供一堆烦琐的任务清单，而是为你提供一种哲学：一种关于工作效率的新思维，你可以用自己的方式将其运用到自己的生活中。我希望你在阅读本书后，能成为一名业余的"生产力科学家"：能找到一些对你有效的方法，放弃一些无效的方法，并准确地找出能让你心情好并取得更大成就的方法。这就是为什么每一章不仅包含 3 个简单的、有科学依据的观点，帮助你重新思考工作效率的问题，还包含 6 个你可以在自己的生活中实施的"实验"。如果这些实验对你有用，那很好；如果没用，也算是一种有益的启示。不过，读完本书，相信你已经拥有了一套工具包，帮助你将"好心情生产力"运用到你的工作、你的关系和你的生活中。

我希望你能像我一样，发现本书的理念对你有效。因为如果说我从潜心研究"好心情生产力"这门科学中学到了什么，那就是它适用于各个领域。它能把艰巨的任务变成富有吸引力的挑战，帮助你与同伴建立深度的关系，并让你与日常事务产生有意义的互动。

通过理解并实践让自己拥有好心情的方法，你不仅会改变自己的工作，也必将改变自己的生活。

"好心情生产力"这一方法虽简单易行，但它能改变一切。它告诉我们：如果你曾有过在水下游的感觉，你不必满足于漂浮在水面上。你可以学会游泳。

让我们潜入水中吧。

第一部分

提 升 能 量

Energise

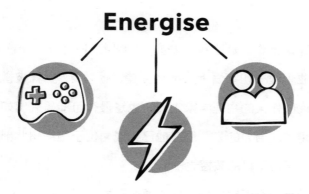

第 1 章

玩

理论上说，理查德·费曼（Richard Feynman）教授的职业生涯一切都看上去那么完美。他才 27 岁就被誉为那个年代最伟大的物理学家之一，也是最有可能研究出如何充分利用核能潜力的人。现在他已经成为位于纽约州北部的康奈尔大学最年轻的教授之一。

只有一个问题。他已经厌烦物理学了。

这个问题是从 20 世纪 40 年代中期开始的。每当他坐下来开始思考时，就觉得很疲惫。1945 年 6 月，离第二次世界大战在美国结束还有几个月，费曼的妻子阿琳死于肺结核，然后他就出现了这个问题。妻子死后，这位年轻教授生活中所有的开心事都随之远去了。当年他作为博士生时那些曾经让他充满活力的想法如今都显得平淡而乏味。尽管他很擅长教学，但这份工作已变成一份无聊的苦差事。后来他回忆道："我彻底倦怠了。"

"我经常去图书馆，还把《一千零一夜》通读了一遍。"他写道，"但是到了需要做些科研的时候，我就不行了。我一点兴趣也没有。"

他发现，什么也不做是件很容易的事。他仍然喜欢给本科生上课，坐在图书馆里看书，在校园里闲逛。他只是不喜欢工作。这很简单。到了 20 世纪 40 年代末，费曼已经接受了自己的新身份：一位不做任何物理学研究的物理学教授。

直到几年以后的一天，一切都变了。那天，费曼独自一人坐在大学的餐厅里，他对面坐着一群学生。其中一个学生不停地把一个盘子扔到空中玩耍。费曼注意到一个奇怪的现象：盘子在空中飞行时会摇摆，但是刻在盘子上的康奈尔大学的标志似乎比盘子摇摆得更快。

这很有意思，费曼想。但研究这个可不会让他获得诺贝尔奖，他是帮助破解核裂变密码的科学家，不是研究陶器在空气中的特性这种理论的。不过这一刻的好奇引发了他的一次顿悟。他开始反思当初是什么把他吸引到了物理学领域。后来他回忆道："我曾经很喜欢研究物理。"

"我为什么喜欢研究物理？因为我当时就是在玩而已。我喜欢什么，就去研究什么——与它对核物理学的发展是否重要无关，只要我觉得它有趣好玩儿就行。"

离开餐厅以后，费曼开始回想自己在少年时如何看待这个世界。

他在高中的时候，一些让他着迷的事情对其他人来说却很稀松平常。他观察到水从水龙头出来以后流得越远变得越细，就在想他是否可以研究出是什么决定了这种趋势。"虽然我没有必要研究这个问题，它对未来的科学发展并不重要，而且可能其他人已经研究过这个问题了。"他说，"但是这没关系呀。我发明东西、研究问题就是为了让自己开心。"

如果回到儿时的世界观，是不是就能再次在物理学中找到乐趣？他想。那就不要把研究物理看作一份工作，而把它当成一种好玩儿的游戏呢？"我要采取一种全新的态度，"他决定，"就像我读《一千零一夜》是因为有趣一样，我也要把物理学变成有趣的游戏，想什么时候玩就什么时候玩，不再担心它是否重要。"

一切从那个摇摆的盘子开始。在接下来的几周时间里，费曼尝试建立方程来解释盘子在空中的运动。他的同事感到不解，问他为什么研究这个。"没什么重要的原因，就是因为它好玩儿。"费曼开心地说。

费曼对摇摆的盘子问题研究得越深入，就越对它们着迷。不久以后，他就开始思考旋转盘子的摆动与原子里面电子的摆动有没有相似之处，或者有没有可能是量子电动力学原理在起作用。他说："不知不觉地（很短的时间内），我就开始'把玩'我所钟爱的话题了，但实际上我是在工作。"只不过这次，他的物理学研究工作没有让他觉得疲惫。

费曼教授对盘子旋转问题的兴趣最终使他赢得了诺贝尔物理学奖。他建立的物体摇摆模型帮助人们理解了量子电动力学，这是一种描述光和微小粒子如何在量子水平上相互作用的理论。他说，想象一下快速旋转的盘子有助于形象化地理解这一理论。

有类似经历的不止费曼一个人。据我所知，至少有六位诺贝尔奖获得者将他们的成功归因于玩乐。詹姆斯·沃森（James Watson）和弗朗西斯·克里克（Francis Crick）在 20 世纪 50 年代发现了 DNA 的结构，他们将这一结构的生成过程描述为"构建一套分子模型并开始做游戏"。发现抗生素青霉素的科学家亚历山大·弗莱明（Alexander Fleming）曾将自己的工作描述为"与微生物一起玩耍"。2018 年诺贝尔物理学奖得主唐娜·斯特里克兰（Donna Strickland）将她的工作称为"与高强度激光一起玩耍"。因协助发现石墨烯而分享 2010 年诺贝尔物理学奖的康斯坦丁·诺沃肖洛夫（Konstantin Novoselov）的说法最简洁："如果你想努力赢得诺贝尔奖，你不会成功的。"他说："我们工作起来其实真的很好玩儿。"

越来越多的研究成果支持这一方法。心理学家越来越相信，玩是提升真正生产力的关键，部分原因是它为人们带来心理上的放松感。正如最近的一项研究结果所说："玩的心理功能就是，它让个体通过参与令人愉悦和放松的活动来恢复其疲惫的身心。"

✈ **我们的生活充满压力，玩让生活变得有趣。**

玩是我们的第一个能量源。如果我们能把玩的精神融入生活中，我们会感觉更好，也会做得更多。

将冒险融入生活

你可能会说，把玩乐融入生活这事说起来容易做起来难。的确，成年以后，我们很多人都非常清楚，玩并不是件容易的事。

当我们还是孩子的时候，生活充满了冒险的体验。我们探索花园里的每一寸土地，我们在商场里奔跑，我们爬树，我们在树枝上荡秋千。我们不为实现某个目标而奋斗，也不为提升自己的简历而努力。我们只是追随自己的好奇心，享受玩的过程，而不用担心结果。

随着年龄的增长，这种冒险精神慢慢被挤出了我们的生活。除非你的父母特别有远见，否则你可能被教导说：成为成年人的第一步就是不要再玩了，要开始认真对待生活。生活从充满冒险变得平淡无奇、日复一日。

但这是一个错误。因为事实证明，冒险是玩的第一要素——或许也是快乐的第一要素。

2020年，纽约大学和迈阿密大学联合开展了一项实验，测试人们如果带着冒险意识生活，会带来什么影响，并试图将这种影响进行量化。研究人员招募了130名参与者，征得他们的同意后，使用手机 GPS 追踪他们的位置。在接下来的几个月里，研究人员给参与者发短信，问他们感觉有多快乐、兴奋或放松？

实验结果令人大开眼界。随着 GPS 数据和回复短信的不断回收，科学家们发现，那些有更多冒险经历的人感觉更快乐、更兴奋、更放松。他们愿意把自己带到更广泛、更随机的一些地方，比如选择一条新的上班路线，或尝试一家不同的咖啡店，而不是一直墨守成规。这个实验的结论是：冒险的生活是释放积极情绪的关键。

所以，要充分利用玩的潜力，第一种方法就是将冒险融入我们的生活。但怎么做呢？其实，有了正确的工具，我们仍然可以找回在商场里奔跑、在树枝上荡秋千时的那种兴奋感。要做到这一点，有两个办法，第一个是选择你的角色。

实验 1：选择你的角色

我坦白，我曾经沉迷于《魔兽世界》。

这是一款以面向书呆子而闻名的线上角色扮演游戏。你首先要选择一个角色，可以是术士、战士、圣骑士或者其他角色，然后开始探索艾泽拉斯的奇幻世界。你与其他玩家组成团队在世界各地飞行，杀死恶魔，升级武器，享受人生。

　　这款游戏还以极易让人上瘾而闻名。我 14 岁时发现了这款游戏，此后 3 年时间，我总共玩了 184 天，也就是 4 416 个小时。算下来，我平均每天都要玩 4 小时，也就是我清醒时间的 25%。可真不少。

　　为什么《魔兽世界》会让我如此着迷？作为一个 14 岁的孩子，没有什么比杀死怪物和完成任务更令人兴奋的了（其实作为成年人，这听起来仍然很有吸引力）。如果说这个简单的道理解释了最初几个小时这个游戏为什么很好玩儿，但它可能解释不了为什么我花了几千个小时玩这个游戏。说实话，过了一段时间，这个游戏就不再那么有趣了，因为你能被派去拯救当地村民家里猫咪的好机会也就那么几次。

　　我越来越意识到，并不是《魔兽世界》的游戏机制让我如此喜欢它，而是它提供了逃避现实的机会。这个游戏提供了另外一个生动的世界，在这里你可以用一个魔法咒语杀死一群僵尸，或者驯服一条龙，然后骑在它的背上在空中飞行。更重要的是，这是一个你以某种角色进入的世界。在《魔兽世界》中，我从来不选阿里·阿布达尔这个角色，他是个有点书呆子气的学生，而且严重缺乏运动能力和自信心。我一直选塞法罗斯，一个高大英俊的血精灵术士，他身穿飘逸的紫色长袍，还指挥着一支恶魔大军。

　　游戏能让我们体验不同的角色，无论是在《魔兽世界》里选一个角色，还是和同伴在广场上玩假扮游戏。这些角色让我们展示出自身另外的一面，从而使我们的体验更加有趣。当你扮演不同的角色时，你就开始冒险了。

　　而这种"冒险"并不要求你做一些出格的事：选择你的"角色"并不意味着你要在一夜之间改变自己的个性（也不需要你在同事面前装成一个妖怪）。实际上，它意味着找到与你最能产生共鸣的游戏，然后选择一个合适的角色来体现你的个性。

　　斯图尔特·布朗博士职业生涯的大部分时间都在研究游戏心理学。作为一名临床心理学家，他目睹了游戏对病人的转变作用，然后开始研究游戏的益处。最终，他建立了国家游戏研究所，还成为加州大学圣地亚哥分校的精神病学临床教授。在此期间，他与来自各行各业的 5 000 多人讨论了游戏对他们的意义，这些人当中有艺术家、卡车司机、诺贝尔奖得主，等等。

　　在采访过程中，他发现，我们大多数人都倾向于选择一种或两种特定类型的角色扮演。通过找到那些最能与我们产生共鸣的角色，我们开始展现自己的"游戏人格"，从而产生一种冒险感。以下是布朗博士通过研究提炼出的 8 种"游戏人格"（见图 1-1）。

收集者　　　竞争者　　　探索者　　　创造者

故事讲述者　　搞笑者　　　领导者　　　运动者

图　1-1

1. **收集者**喜欢收集并整理东西，喜欢寻觅珍稀植物，在档案馆或旧货销售市场搜寻东西。

2. **竞争者**喜欢游戏和运动，享受竭尽全力去赢的感觉。

3. **探索者**喜欢到处闲逛，通过徒步旅行、自驾游和其他冒险活动去发现新地方和新事物。

4. **创造者**喜欢制作东西，每天可以花上几个小时画素描、画油画、制作音乐、做园艺等。

5. **故事讲述者**具有丰富的想象力，并能利用自己的想象力给别人带来愉悦感。他们喜欢写作、舞蹈、戏剧和角色扮演游戏等活动。

6.**搞笑者**努力把别人逗笑，他们可能通过表演单口相声、即兴表演，或者搞一些恶作剧来把你逗笑。

7.**领导者**喜欢计划、组织和领导别人，可以胜任多种角色或活动，包括指挥舞台表演、经营公司、从事政治或社会宣传活动等。

8.**运动者**喜欢体育活动，如杂技、体操和自由跑。

要做到带着游戏的冒险精神对待工作和生活，第一个办法就是：反思一下你最认同这些角色中的哪一个，然后试着代入那个角色来处理你的工作。如果你是"爱讲故事的人"，可能你就需要想办法把一项无聊的任务（比如写一封枯燥而逻辑化的电子邮件）变成一件让你觉得好玩儿的事（想办法把它变成一个故事，有开头、中间和结尾，也许还有一个意想不到的转折）。如果你是"创造者"，这可能意味着你需要把单调的任务（比如填写无趣的表格）转化为表达自我的机会（将其转化为视觉美观且便于理解的信息图）。

找到并探索我们的游戏人格可以帮助我们找回童年时的一些冒险精神——那时的我们，快乐是常态，而不是例外。这种精神依然与我们同在。正如斯图尔特·布朗所说："记住游戏的意义，使它成为我们日常生活的一部分，这可能是通往自我实现之路最重要的因素。"

实验 2：拥抱你的好奇心

"恐龙"（dinosaur）这个词到底是什么意思？

披头士乐队的哪首歌留在美国单曲榜上的时间最长？

哪位美国总统在任期间，"山姆大叔"的形象首次被画上胡须？

这些问题可不是疯狂的酒吧竞猜题。它们是加州大学戴维斯分校神经科学研究中心的研究人员在一项开创性实验中使用的 19 个问题中的 3 个。研究人员向 24 位志愿者提出这些问题，然后让他们就自己对每个问题答案的关心程度进行评分，从"好奇程度低"到"好奇程度高"给予不同的分数。然后研究人员再让参与者在脑海中把这些问题酝酿一段时间。（顺便说一下，上面 3 个问题的答案分别是"可怕的蜥蜴""Hey Jude"和"亚伯拉罕·林肯"。）

研究人员试图研究的是好奇心对人们思维的影响。首先，他们有一种预感，当人们对某事感到好奇时，他们会更好地记住细节。这是对的。研究表明，人们回忆起有趣事情的可能性要比回忆起无聊事情的可能性高出 30%。

　　但更令人惊讶的是，当人们回忆起这些事情时，实验参与者的大脑内部也发生了变化。对他们进行脑部扫描时可以发现，他们被问到感兴趣的问题时神经活动与平日大不相同：大脑好像受到了一波多巴胺的冲击。有 4 种激素能引起好心情，多巴胺正是其中之一，它还能激活大脑负责学习和记忆的那个区域。对实验参与者来说，沉浸在好奇感中让他们心情好，这反过来又让他们能够更好地记住信息。

　　因此，将冒险精神融入生活的第二个办法就是充分利用好奇心。好奇心不仅让我们的生活更有乐趣，也让我们更加专注。作家沃尔特·艾萨克森（Walter Isaacson）花费大量精力研究列奥纳多·达·芬奇（Leonardo da Vinci）和史蒂夫·乔布斯（Steve Jobs）等历史上最具开拓性人物的传记，他这样总结自己的发现："对一切充满好奇不仅让你更有创造力，还会使你的生活更加丰富。"

　　✈ **好奇心不仅让我们的生活更有乐趣，也让我们更加专注。**

　　那么，我们如何将好奇心融入生活中呢？一种方法是寻找我所说的"支线任务"。在《塞尔达传说》《巫师》和《魔戒》

等电子游戏中，有许多支线任务等待玩家去完成。这些支线任务并不影响游戏的主线，而是由玩家的好奇心所驱动：如果我进入这个洞穴，或者尝试到达这个区域的最高点，或者游到这个湖底，会发生什么？游戏中的许多秘密可能就隐藏在洞穴、森林和村庄中，而遵循游戏主线的玩家不会发现这些秘密。

我常常觉得自己的生活中包含着一系列支线任务。每天，我坐下来工作时，会看一下日程表和任务清单，然后问自己："今天的支线任务是什么？"这个问题能帮助我将思维从面前显而易见的任务转向其他可能的方向。它可能会促使我离开办公室，去附近的咖啡馆工作几个小时。或许它还会鼓励我探索一款新的软件，用来解决我正在研究的问题。

在每天的工作中增加一个支线任务，就能为好奇心、探索和玩乐创造空间，还可能让你发现一些令你惊奇而且完全意想不到的东西。

寻找乐趣

故事发生在 20 世纪 90 年代末俄亥俄州的一所规模很小的大学里。在一个星光灿烂的晚上，一位年轻的研究生助理在实验室里站着，手里拿着一只老鼠。他用一支干爽的毛刷温柔地轻抚老鼠白色的肚子，希望能发生什么有趣的事。

一开始，什么都没发生。突然，老鼠叫了起来，但并不是出于痛苦。如果说真有什么情感色彩的话，老鼠似乎是在笑。

这些科学家给老鼠挠痒痒不是为了好玩儿。实际上，他们是在研究玩对人类大脑的生物学影响——首席科学家雅克·潘克塞普（Jaak Panksepp）称之为"快乐生物学"。当时，科学界普遍认为只有人类才会有情感。人们认为，情绪是我们人类独有的，它源于大脑皮层，这是大脑中高度复杂的部分。但潘克塞普发现啮齿类动物也会笑，这提出了另一种可能：情绪一定来自大脑中较为原始的区域，比如杏仁核和下丘脑。他向人们表明，快乐是一种非常原始的体验。

潘克塞普的主要发现之一就是老鼠喜欢玩耍。他在实验中花了大量时间记录老鼠玩耍时发出的声音，这些声音很欢快。他后来说："听起来就像在游乐场一样。"为什么呢？因为玩耍让老鼠释放了多巴胺。多巴胺让老鼠心情很好。

我们可以从这些啮齿动物身上学到一些东西。潘克塞普的老鼠实验表明，如果我们想从所做的事情中找到快乐，它不仅仅取决于大脑中最复杂的高级区域，即与大脑皮层相关的部分，它也归结于我们神经系统中更古老、更基础的部分——能引起好心情的激素，就像在老鼠体内被激活的那种一样。我们也能释放少量多巴胺，让我们保持快乐和专注。

但怎么做呢？我们可以通过研究能激发多巴胺的因素来找到答案。正如哈佛大学医学院发表的一篇文章所说，"性、购物，以及闻到烤箱里的饼干香味"都会激活多巴胺，换句话说，我们觉得有趣的事都会激活多巴胺。

所以，要充分利用玩的潜力，除了将冒险融入生活，第二种方法就是到处寻找乐趣。首先让我们回到迪士尼乐园版的爱德华时代的伦敦。

实验 3：神奇的便利贴

在做初级医生时，有一段时间我觉得特别疲惫。我和一起租房的莫莉决定重温童年时最喜欢的一部电影：《欢乐满人间》。我们希望沉浸在一个随处可见生机勃勃的鸟儿、浓浓的伦敦东区口音和有关女权主义的热门音乐的世界里，哪怕只有几个小时，也能给我们带来一些解脱。

当时，我正在努力寻找学习动力以应对研究生医学考试。再加上我在医院的工作、马上要到来的任务期限以及那些复杂的材料，这一切叠加在一起让我觉得难以承受。一想到下班后还要坐下来阅读教科书，我就觉得噩梦般煎熬。

但当我重看《欢乐满人间》时，意想不到的事情发生了。这部电影不只是一个关于会魔法的古怪保姆的无聊故事——它蕴含着深刻的真理。电影中有一首很著名的歌曲，叫"一勺糖"，每当孩子们抱怨做家务时，玛丽就会唱这首歌给他们听。童年时听过的很多歌词我都忘了，只记得合唱部分是："一勺糖让药下去……以最愉快的方式。"

20 多年后，重温这一熟悉却被遗忘的场景时，我听到了这首歌的开头部分：

> 每一项必须完成的工作，
> 都有好玩儿的元素。
> 你找到了乐趣就很容易！
> 工作就是一场游戏。

这首歌的其余部分描述了百灵鸟、知更鸟和蜜蜂在工作时唱歌的各种方式，以使它们无聊的工作变得有趣。（知更鸟唱着"欢快的曲调"看起来是为了"推进工作"；后来我很遗憾地得知，从鸟类学的角度来看，这个说法并不准确。）我决定把这个想法用到我的生活中。有一天深夜，我突然灵光一闪，拿起一支记号笔和一张便利贴，写下了一句简单的话：

如果这事好玩儿，会是什么样子？

我把便利贴贴在我的电脑屏幕上，然后就去睡了。

第二天我看到电脑屏幕上的便利贴时，我都忘了是自己把它贴上去的。我刚下班回来，正准备复习生化通路知识以应对我的医学考试。我像往常一样无可奈何地坐了下来。但是当我看到便利贴的时候，不禁开始思考：如果这事好玩儿，会是什么样子？

第一个答案立刻出现了：如果这事它好玩儿，应该有音乐。我意识到，当我的耳机里播放着电影《指环王》的配乐时，记忆枯燥的生化通路知识竟神奇地变得有趣起来。突然间，音乐变成了为我的学习带来更多乐趣的重要方式。

我也开始在工作中运用这种方法。当时我在老年医学科实习，医生办公室是病房角落里一个装饰简陋的小房间。在一个异常繁忙的下午，我坐在办公室里，看着面前长长的任务清单，我决定用一下"音乐娱乐"法。我没有带扬声器，

于是从厨房拿了个碗，把手机放进去当临时扬声器。我打开
Spotify 音乐播放平台，在这一天的剩余时间里，用低音量播
放电影《加勒比海盗》的音乐。效果非常明显：我感觉好多了。

"如果这事好玩儿，会是什么样子？"这个问题现在已
经成为我生活中的指导性问题。而且这个方法应用起来相当
容易。假如你现在有一件不想做的事情，那么问问自己：如
果这事好玩儿，会是什么样子？你会换一种不同的方式去做
这件事吗？你会在里面加入音乐、幽默感或一些创意吗？如
果你和朋友一起做这件事，或者答应完成任务后犒劳一下自
己，会怎样呢？

问一下自己：有没有什么方法可以让难熬的过程变得有
趣一点？

实验 4：享受过程，而不是结果

有另外一种方法能让你从所做之事中找到乐趣，而且不
需要你去重看一遍 20 世纪中期的儿童电影。一位身高 5 英
尺 7 英寸[⊖]、染着金色头发的西班牙少年就是最好的例证。

2021 年 8 月，阿尔贝托·吉内斯·洛佩兹（Alberto

　　⊖　1 英尺 =0.304 8 米，1 英寸 =0.025 4 米。

Ginés López）登上了东京夏季奥运会的领奖台，夺得历史上首枚奥运攀岩金牌。在此前的几周时间，全世界都在凝视着他在东京青海城市体育公园色彩斑斓的岩壁上完成一系列令人惊叹的动作。最激动人心的是速度攀爬——运动员需要以最快的速度攀爬，就像蜘蛛一样。洛佩兹以 6.42 秒的速度飞快登上了岩壁顶部。

但是，观看洛佩兹和他的同伴们飞速地在岩壁上攀爬的时候，人们还注意到了这项体育运动的不寻常之处。和传统的田径运动员相比，这些运动员不仅在打扮上更洒脱不羁，比如头发都染成了五颜六色，背带也是五彩缤纷，他们的表情也更加放松。看着竞争对手爬上岩壁时，他们并没有避免眼神接触，也没有紧张地盯着他们，而是在下面愉快地聊天，甚至分享着技巧。他们的脸上丝毫没有短跑运动员或者足球运动员表现出的那种痛苦的紧绷感。实际上，他们看上去很享受这一切。

攀岩运动员向我们暗示了寻找乐趣的另外一个方法。它强调不要从结果中寻找乐趣，而是要从过程本身获得乐趣。

匈牙利裔美国心理学家米哈里·契克森米哈里（Mihaly Csikszentmihalyi）认为，攀岩和其他运动项目（如踢足球）相比，最大的区别在于，大多数攀岩者完全沉浸在过程中（攀岩），而不是最终结果（赢得比赛）。米哈里是"心流"研究的先驱，"心流"是指我们沉浸在一项任务中，而世界上的其他事情似乎都消失了的状态。米哈里在青少年时期观察阿尔卑斯山的登山者时，首次提出了自己的理论。他认为，如果我们能学会关注过程，而不是结果，我们就更有可能享受一项任务。

但怎样才能做到这一点呢？对攀岩者来说可能很容易，因为攀岩本身就很有趣（至少对某些人来说是这样）。但是如果你面临的是更单调甚至令人厌恶的事情呢？

可以说，在这种情况下关注过程的力量就更强大了。因为无论看上去多么无趣的过程，加上一点创意，你都能找到乐趣。

以马修·迪克斯（Matthew Dicks）的经历为例，他是最会讲故事的人，也是畅销小说作家。在出版第一部小说之前，迪克斯曾在麦当劳工作多年。他讨厌这份工作。"感觉这一天永远都完不了。"他跟我说，"同样的工作要反反复复地做。接订单、煎汉堡、分薯条。没有激情，没有活力，也没有挑战。"

因此，迪克斯决定看看有没有可能从过程中，而不是从结果中（那点少得让人恼火的薪水）找到一点乐趣。他使用了一个经典策略：追加销售。"我把一些日子定为烧烤酱日，"他回忆道，"在这样的日子里，我每接到一个订单都会加上一小段推销词。如果顾客点一份巨无霸和薯条，我会问他们要不要加点酱。如果他们说不，我会笑着说：'好吧，不过我真的推荐烧烤酱——没有什么比这更好的了。'一般听到这话，他们会有点吃惊，然后会说：'好吧，我来点烧烤酱。'如果他们还是不动心，我会说：'没关系，但你真的错过了一个好机会。我的上一位顾客一开始也不愿意，但当她尝过以后，发现自己的决定是正确的。'"

迪克斯说，这些日常工作中微小的变化意外地带来了巨大的影响。用他的话说，这些小任务可能"使顾客这一天感觉更好了，当然也使我自己把那些原本无聊的日子过得更有活力了"。这真的有效。迪克斯发现自己很期待轮班，因为他急切地想知道他能说服多少人尝试一下烧烤酱。

这个工作本身并不那么令人愉悦，但是迪克斯创造了一种让它变得有趣的方法。这样，他就在无趣的环境中找到了乐趣。

降低压力

如果说冒险和乐趣提高了我们玩的能力，那么一个同样有力的相关因素却降低了这一能力——压力。要理解其中的原因，让我们再来求助于本章最不幸的实验对象：老鼠。

唉，与此前被挠痒痒的同伴相比，今天下午这些老鼠的经历就没那么愉悦了。这次，哥伦比亚大学的科学家选取了一组处于不同发育阶段的老鼠，并在每只老鼠的头上放置了网格，这样它们就被限制住了，不能自由活动。科学家让它们在里面待了 30 分钟。

不出所料，事实证明这给了老鼠很大压力。在被网格套住以前，老鼠互相追跑打闹，还互相抚摸颈部。在它们头上的网格被打开以后，研究人员发现，老鼠的玩耍行为彻底消失了，它们成群地聚在一起，一点也不玩了。（谢天谢地，在紧张的束缚体验结束一个小时后，玩耍行为又回到了基准水平。）

对人类的实验也发现了类似的结果，所幸，这些实验不像在动物身上的实验那么残忍。孩子们处于舒适且没有威胁的环境中更可能去玩耍。对职业人士的研究也发现放松的感觉能够促进玩乐行为，从而增强创造力和身心健康。

这些研究及其他无数项研究都证明了一个我们大多数人凭直觉就明白的道理：感觉有压力时，我们不太可能想玩，我们的创造力、工作效率和身心健康也会受到影响。

要充分利用玩的潜力，还有第三个方法，那就是：我们不仅要将冒险融入生活，还要营造一种低压、宽松的环境。

要做到这一点，我们可以从重新定义失败开始。

实验 5：重新定义失败

2016 年，一位美国航空航天局的资深工程师马克·罗伯（Mark Rober）招募了 5 万人来参加一项新计算机实验。他告诉参与者，他想证明任何人都可以学习编程。接着他让参与者开始一系列相对简单的编程挑战。

事实上，这个实验要比罗伯所透露的复杂得多。这个实验的关键之处就在参与者出错的时候。其中一半参与者（第一组）在其编写的代码运行失败时会收到这样的错误提示信息："你出错了。请再试一次。"另外一半参与者（第二组）则收到一条略微不同的信息："你出错了。你被扣掉 5 分，还有 195 分。请再试一次。"两组参与者在其他方面都完全一样。

这个细微的差别对实验结果产生了惊人的影响。第一组平均尝试了 12 次来解决编程难题，成功率为 68%。第二组平均只尝试了 5 次来解决这些难题，成功率为 52%。

我第一次听说这个实验时大吃一惊。在解决难题时，仅仅因为有一个随机的、毫无意义的"惩罚"——失败会扣 5 分，就使第二组的 25 000 人（他们来自世界各地）平均尝试的次数还不到第一组的一半。

可能你已经猜到了，罗伯感兴趣的并不是教人们如何编程，而是我们如何看待失败。他的目的是向我们表明：负面后果，甚至是那些任意、没有依据的负面后果，对我们的影响是多么的巨大。这些后果使我们害怕失败，即使我们根本不需要害怕。

如果我们用不同的眼光来看待失败呢？比如把它看成是必不可少的，甚至是有趣的呢？这正是罗伯想要说明的。他曾在美国航空航天局工作 9 年，在苹果公司担任过项目设计师，后来又转行成为 YouTube 上的科学教育者。罗伯的实验证明了他早已在工作场所发现的道理：成功并不取决于你失败了多少次，而取决于你如何看待你的失败。

在一次分享实验结果的演讲中，罗伯提出一个问题："如果我们能正确定义我们的学习过程，不再担心失败，我们能多学会多少东西呢？我们又能多取得多少成功呢？"罗伯知道，要使一个计算机程序顺利运行，需要不断地尝试、失败、再尝试。这些所谓的失败并不是真的失败，而是我们搞清楚如何实现成功所必需的"数据点"。

在写作本书的过程中，我经常被罗伯的洞察力所感动。因为他的研究提出了一个非常有用的观点来减轻我们的压力，反过来也创造了一个有益于玩耍的环境。想象一下，如果你因为失败而得到 5 分，而不是像实验中那样丢了 5 分，你的生活会是什么样子呢？想象一下，对你的一次小失误，如果有人鼓励你，而不是羞辱你，会发生什么呢？再想象一下，如果把你需要做的事情看作实验，其失败与成功一样有价值，你会怎样看待这些事情呢？

现在，你对人生这场游戏的看法有点不同了吧？突然之间，你的压力减轻了。突然之间，你有点玩得起了。

如果你的目标是找到一份满意的职业，而且你假定企业岗位可能是一份让你满意的工作，那么你的数据收集过程可能就是通过实习和临时工作机会去体验不同的职业。抱着实验的心态，即使你最后讨厌这份实习，也不会把它看成是"失败"或"浪费时间"；它只是另外一项数据，可以帮助你意识到这不是你想要的工作。

如果你的目标是建立一家成功的企业，那么你的数据收集过程可能包含测试不同的商业构想、产品或服务。抱着实验的心态，即使你推出的一项新产品没有达到预期效果，它也不是失败或灾难；它只是另外一项数据，可以帮助你完善公司战略，更好地理解你的目标市场。

✈ **失败从来都不只是失败。每一次失败都是一次邀请，促使你尝试新事物。**

如果你的目标是发展一段有意义的关系，那么你的数据收集过程可能包括约会、参加社交活动以及结识新朋友。抱着实验的心态，一次没有后续发展的约会或一段没有开花结果的友情并不是失败；它只是一项数据，可以帮助你更好地了解自己与什么样的人更脾气相投。

失败从来都不只是失败。每一次失败都是一次邀请，促使你尝试新事物。

实验 6：别太认真，但要真诚

一旦我们将失败重新定义为"数据"，就更容易消除压力，这些压力阻碍我们以玩乐之心对待生活。不过，最后还有一个同样强大的方法——这是我从世界上最特别的佛学大师那里学到的。

艾伦·沃茨（Alan Watts）出生于肯特郡的奇斯尔赫斯特，这是英格兰南部一处名不见经传的郊区。在人生的头几年，他似乎注定要成为一名银行职员或一名律师。他对东亚宗教的兴趣源于他小时候发烧时做过的一个神秘的梦。这个梦改变了他的一生。在接下来的50年里，他成了东亚哲学的权威，出版了多本畅销书，讲述"禅"和"道"教给我们的宇宙观。

写作本书几个月后，我第一次偶然听到沃茨的讲座。我立刻被他世界观的深度所打动，也感慨他的观点与我的"好心情生产力"理论是多么契合。他有句成名的话，尤其打动了我："别太认真，但要真诚。"

在"个人与世界"这场著名的演讲中，沃茨描述了我们在理解世界时所犯的一个关键的错误。他引用了20世纪早期英国作家切斯特顿（G. K. Chesterton）的话："放松时，人们会有一种轻盈感，这种轻盈感可以提振精神；认真时却会产生一种沉重感，让人像石头一样坠落。"他说，理解禅的人都会认同这句话。他这样总结："认真和真诚是不一样的。"

他是什么意思呢？我们以一个棋盘游戏为例，比如大富翁。没有人愿意和太认真的人玩大富翁游戏。我们都玩过这种游戏。一些太认真的人有些过于在乎胜利，他们会让整个房间失去活力。比如，他们会执着地引用规则手册上的内容，告诉你是否可以使用一张机会卡来通过 GO 方格从而获得 200 英镑，这大大影响了其他人的兴致。

但是我们也不想和那些一点也不在乎输赢的人玩。他们不专心投入游戏，玩的时候也没有积极努力地发挥自己的能力。比如，当你好不容易逃离监狱时，他们也不会向你表示祝贺，即使你没有支付 50 英镑的出狱费，而是采取了冒险的双倍掷骰子策略来成功出狱。这种人也不好玩儿。

是的，他们都不好玩儿。我们最喜欢和那些能够真诚地玩游戏的人一起玩。他们认真对待游戏，全身心投入其中，但又不会因过于认真而执着于输赢。他们能够谈笑风生，能够坦然面对自己的失误，能够享受朋友的陪伴，而不会过分关心胜负（或游戏规则）。

以这种心态对待工作或生活，我们会收获良多。我发现，在工作中，当我感觉到有压力、焦虑或疲惫时，我很容易变得过于认真，而忘记真诚。那种情况下，我感觉自己被压得喘不过气来。但有一种方法可以减轻压力，这个方法很简单：当你觉得工作让你精疲力竭或不堪重负时，试着问自己："对待这项工作，我怎样才能少一点认真，多一点真诚呢？"

如果你以真诚而不过于认真的态度对待工作中一项困难的任务，你可能会专注于完成任务的过程，而不是执着于最后的结果。你可能会寻求别人的意见和帮助，而不是只靠自己解决问题。这样做，你会更容易以玩的心态对待这项任务，也更能在整个过程中保持专注、充满动力。

如果你以真诚而不过于认真的态度对待一次工作面试，那么你就不会因为担心结果而过于紧张和焦虑，你可能会更加专注和投入。你可能还会与面试官进行一些更加个人化的互动，而不是仅仅靠自己的资历打动他们。这样，你会更轻松自如地应对这次面试，结束面试后也会对自己的表现感到更加自信和满意。

如果你以真诚而不过于认真的态度对待写书这件事，你可能会决定在第 1 章就大谈《魔兽世界》的好处，这样，你就可以向未来的读者证明，即使在写第一本书这么重要的事情上，你也可以轻松地处理这个过程。这样做，你在坚持好心情生产力科学的同时，还有望创造一种风趣幽默的文风。最终，这也会让你自己减少焦虑，增加乐趣。

有这样想法的医生不止我一个。在医疗剧《实习医生格蕾》中，帕特里克·德姆西饰演英俊的神经外科医生德里克·谢泼德，他在每次手术开始时都要举行一个仪式。

他问候团队成员，播放让人振奋的背景音乐，然后对他们说："今天是拯救生命的好日子，让我们玩得开心。"

小　结

- 我们高估了"认真"的作用。如果你想做更多的事，又不想毁掉自己的生活，第一步就是以玩的心态对待你的工作。"玩"是我们的第一个能量来源。

- 有三个方法可以让你充分利用玩的潜力。第一，将冒险融入生活。当你找到合适的"游戏人格"时，每天都有很多机会，让你把生活看作一场游戏，到处都有惊喜和各种可选的"支线任务"。

- 第二，寻找乐趣。记住《欢乐满人间》这部影片的启示：每一项工作都有好玩儿的元素，即使有时候它没有那么明显。试着问自己：如果这事好玩儿，会是什么样子？然后根据答案去完成你的工作。

- 第三，降低压力。只有当你认为失败时，失败才是真的失败。不是每个问题都需要你那么认真地去看待它。面对工作，少一些认真，多一点真诚会怎样呢？

第 2 章

权　力

2000 年 9 月，里德·哈斯廷斯（Reed Hastings）和马克·兰道夫（Marc Randolph）试图将他们刚刚起步的网飞公司（Netflix）卖给百视达视频公司的首席执行官。结果非常糟糕。

这对夫妇把全部家当压在他们认定的一种革命性的视频租赁模式上。这种模式就是：客户登录一个网站，订购他们想要的 DVD，然后通过邮局收货，看完之后再到邮局把它们寄回。

他们把所有的钱都投入了公司，现金却在不断流失。他们有一百多名员工，但只有 3 000 名付费客户。到年底，他们将亏损 5 700 万美元。

　　他们打算退出。经过几个月的电话和电子邮件沟通，他们终于得以与百视达公司的老板约翰·安提奥科（John Antioco）在其总部达拉斯会面。这是一个绝佳的机会：百视达是一家市值 60 亿美元的上市公司，在全球拥有 9 000 多家门店，主导着美国的音频和视频市场。但这次会议的情况急转直下。起初，安提奥科和他的总法律顾问埃德·斯特德（Ed Stead）态度还算友好礼貌。他们认真听哈斯廷斯和兰道夫解释为什么百视达应该收购网飞：因为这是当今互联网世界一种新型的租赁模式。然后安提奥科问了一个关键问题："需要多少钱？"

　　"5 000 万。"

　　双方陷入沉默。然后，安提奥科突然大笑起来。

　　10 年过去了，百视达公司申请了破产，原因是公司跟不上从传统视频向网络视频转型的步伐，该公司在最终破产之前关闭了大部分门店。又过了 10 年，网飞公司已经变成一家在线流媒体服务公司，其市值高达 3 000 亿美元，被广泛誉为全世界最具创新精神的公司。

　　网飞从一家被百视达公司老板嘲笑并拒绝的公司变成全世界市值最高的公司之一，这个过程看起来是不可能的。那么他们是怎么做到的呢？有几种解释。有人将其归功于哈斯廷斯和他团队的远见卓识。有人将其归功于该公司抓住了互联网起步腾飞的时机。但是对于网飞的成功，最常见的解释非常简单：企业文化。

网飞刚起步的时候，里德·哈斯廷斯就聘请了帕蒂·麦考德（Patty McCord）担任公司的首席人才官。麦考德此前曾在几家科技公司的人力资源部门工作过，她不喜欢传统的管人方法。她想创造一种企业文化，让员工感觉自己能掌控自己的工作。哈斯廷斯和麦考德一起制定了一套价值观来引导企业文化，包括对自由和责任的关注。这种细微的转变起到了革命性的作用。麦考德率先彻底改变了网飞对待员工的方式。她废除了休假、固定工作时间和绩效考核等传统政策，给予员工更多的自主权。只要员工能完成自己的目标，他们就可以做任何自己喜欢的事情。

起初，一些人质疑这种方法。但随着公司发展壮大，这种做法的成效凸显了出来。网飞的企业文化不仅帮助公司吸引并留住了顶尖人才，还为公司带来了更好的创意：网飞公司不依赖市场调研和焦点小组访谈等传统方法，而是让创意团队主导新节目和电影的开发与制作。结果，他们制作出了当时最精彩的电视和电影作品。麦考德用一个简单的词概括了她对自由和责任的关注：权力。这个词有点难理解，而且它可能具有一些负面含义——容易让人联想到极权主义的独裁者、让人厌恶的老板和幽暗的走廊，人们在这里采取一切可能的手段要抓住你、控制你。所以，有些人可能一看到"权力"这个词就会想："我可不想成为这样的人。"

如果你是这样的人，我希望你可以用一种不同的方式看待权力。麦考德使用这个词的时候，指的是人的一种力量感，那种能够掌控自己的工作、掌控自己的生活、掌控自己的未来的感觉。这种权力不是我们施加给别人的那种东西，而是我们自己感觉到的一种能量，它让我们想站在屋顶上大喊："我能行！"

权力是我们的第二个能量源，这是让我们拥有好心情并提高效率的关键因素。而最好的一点是，这种权力不是你从别人那儿获取的，而是你为自己创造的。

增强自信

我们对权力的研究从一项实验开始，实验的对象是几十名不喜欢运动的志愿者。

这 28 位女生被组织在一起，是因为她们都不经常运动。伊利诺伊大学厄巴纳－香槟分校的科学家们认为这是一个很好的研究机会。根据他们在《国际行为医学杂志》上发表的一项研究成果，他们用这个实验验证一个简单的假设：我们对自己运动能力的信心能极大地影响我们实际上表现出来的运动能力。

实验开始后，研究人员要求这 28 位学生在一辆静态单车上骑行一段时间，同时，用仪器测量她们的心率和最大溶氧量（运动时身体能吸收和利用的氧气量）。运动结束后，基于她们在单车上的表现，这些学生被分成 A、B 两组。短暂的休息过后，研究人员告诉 A 组学生（高自信组），与其他年龄相同、经历相同的女性相比，她们是最健壮的。而 B 组学生（低自信组）则被告知，她们是最不健壮的。然后，他们让两组学生都冷静几天。

实际情况是，整个过程都是策划好的。"高自信组"学生并没有在运动中表现更好，"低自信组"也没有表现更差。实际上，这些学生是被随机分配在两组中的，而实验人员告诉她们的信息和她们在运动测试中的表现数据没有任何关联。实验人员真正感兴趣的是下一步的研究：3 天后，受试者被叫回实验室运动 30 分钟，并告诉研究人员她们有多享受这次运动。

实验结果让人震惊。研究人员发现，"高自信组"的学生（也就是那些被告知她们非常健壮的学生），相比于那些"低自信组"的学生更享受这次运动。这一点在那些强度更大、更有挑战性的运动中体现得更为明显。当她们被要求骑行强度更大、时间更长时，两组学生的表现差异就更大了。遇到困难时，那些相信自己能做到的人也是实际上能做到的人，不管她们的能力如何。最重要的是，那些被激发出更多自信的学生最终也更加喜欢运动了。

这项研究旨在探索一个单纯的问题：我们的自信心对我们实际表现的影响程度到底有多大？这个问题的答案很简单：非常大。对自己完成任务的能力充满信心，会让我们完成任务时感觉更好，也会让我们做得更好。

上述观点的来源可以追溯到加拿大裔美国心理学家阿尔伯特·班杜拉（Albert Bandura）。1925 年，班杜拉出生在阿尔伯塔省的一个小镇蒙达雷，到 2021 年去世时，他已成为历史上最有影响力的心理学家之一。这种影响力在很大程度上要归功于他在 1977 年提出的一个理念，也是这个理念让他一举成名：自我效能感。基于过去十年的研究，班杜拉提出：对人类的工作表现和幸福健康而言，我们的能力很重要，我们对自己能力的感觉更重要。"自我效能感"是他创造的一个术语，用来描述这种感觉，也就是我们对自己能够实现目标的信心。

🛩 **相信自己能行，是确保自己实际能行的第一步。**

简单地说，自我效能感就是"自信"的心理学表述。设法增强我们的自信心是我们增强权力感的主要途径。自班杜拉提出"自我效能感"概念以来，在半个世纪时间里，数百名研究人员已经证明，我们对自己的能力越有信心，自我效能感就越高，我们的能力就越强。1998 年，心理学家亚历山大·斯塔伊科维奇和弗雷德·卢瑟斯在 114 项研究（涉及近 22 000 名受试者）的基础上指出，班杜拉的理论是对的。相信自己能行，是确保自己实际能行的第一步。

实验 1：自信开关

自我效能感的理论很吸引人，但也许并不那么令人惊讶。你可能会认为，我们的自信心当然会影响我们的能力。

谁都见过那种自负的人，他们仅仅因为坚信自己的才能就能做到魅力四射，这就足以证明这一理论。

但自我效能感更令人惊讶之处也许在于它的可塑性。因为从班杜拉开始研究自信科学的那一刻起，他就注意到了另外一个惊人的现象：自我效能感很容易学会。经过几十年的研究，他得出结论：自信不是与生俱来的，而是通过学习获得的。

提出自我效能感这一革命性理论几年以后，班杜拉又发现了对自我效能感产生巨大影响的一些简单工具。比如言语说服的力量。班杜拉欣喜地指出这个关于自我效能感的简单道理：你说了什么，就会相信什么。因此，听到"你能行！"或"就要成功了！"这种简单的鼓励性话语，就能让我们的自信心水平显著提升。

通常，我们会认为，这些振奋人心的话应该来自我们的家人、朋友、同事或私人教练。有趣的是，我们也可以向自己传递这些信息。

2014 年，班戈大学的科学家公布了一项有关自我对话力量的研究成果。每位参与者都接受了"力竭时间"测试，即他们骑行多长时间后会感到精疲力竭而无法继续下去。然后，实验人员让他们冷静两周，就像我们前面实验中那些疲惫的骑行者一样。不过，这次实验第二阶段的做法有所不同。两周后，当参与者回到自行车旁时，他们被分成了两组。一组接受了积极的自我对话干预，实验人员向他们展示一系列激励性的话语，比如"你做得很好！"或"你能做到！"，等等，并让他们选择其中的四句话在骑车时说给自己听；而另一组人则没有得到这种提示。

科学家们以为，仅靠这种微小的自我激励行为肯定不能改变参与者的表现。但事实证明，真的可以。接受了特定"自我对话干预"的那一组，在骑行里程达到 50% 时，他们的 RPE（"感知消耗率"，或骑行时感觉到的费力程度）明显降低，而 TTE（"力竭时间"）明显拉长。另一组人的表现则与之前完全一样。

这项研究表明，仅仅依靠自己的力量，你就可以大幅提升生产力。读过这一理论后的几年时间，我还提出了几个具体的操作方法。我最喜欢的方法被我称为"打开自信开关"。换句话说，努力让自己表现得对完成任务充满信心，即使实际上你并没有信心。

这个方法其实比听上去还简单。下次当你感觉不够好，不敢冒险的时候，只需问自己："如果我真的对这件事充满信心，会是什么样子？如果我有信心完成这项任务，会是什么样子？"

在大学舞会和派对上做巡回魔术师时（是的，我就是那么酷），我经常使用这个技巧。我的工作是穿上燕尾服，走到一群参加派对的人面前，主动为他们表演几个魔术。尽管我已经演练过无数遍了（问问我的任何一个朋友就知道了），但一想到要走近一群陌生人，打断他们的谈话，磕磕绊绊地向他们展示我最喜欢的纸牌魔术，我还是会感到非常害怕。在那些自我怀疑的时刻，我会深吸一口气，然后在内心打开自信开关。我会提醒自己，我只是在扮演一个自信的魔术师，即使我内心一点也不自信，我也要表现得既自信又能干。无一例外，我态度的转变带来了巨大的改变。我会带着微笑和一点点神气走向一群群陌生人，说着流利的台词为他们表演魔术。每次表演结束离开时，我都感到很宽慰，因为我的方法奏效了。

我常常为这个方法的影响力感到震惊。转眼间，它就能把一个业余魔术师变成专业魔术师，把一个糟糕的业余乐手变成吉他英雄，把一个害怕公众演讲的人变成最有魅力的演说家。

下次当你觉得某项任务或某个项目特别困难时，问问自己："如果我对这件事很有信心，会是什么样子？"只要问一下自己这个问题，你就能想象出自己自信地处理手中任务的样子。自信的开关就被打开了。

实验 2：社会榜样法

言语说服并不是班杜拉提出的唯一增强自信的方法。他对于如何从周围人那里获得自信也很感兴趣。

关于这种方法是如何起作用的，我最喜欢的一项研究是在克莱姆森大学户外实验室进行的。注意，这不是普通的科学实验室。这个实验室坐落在南卡罗来纳哈特韦尔湖畔的一个半岛上，岛上树木繁茂，拥有一系列的木屋、徒步小径和水上运动设备，却看不到一件实验室器皿。但在实验室的娱乐化外表之下是它严肃的科学功能。多年来，这个实验室一直是许多开创性心理学实验的场所。比如 2007 年开展的一项研究，就邀请了 38 名 6 ～ 18 岁的儿童参加实验，实验中使用了克莱姆森大学的攀岩墙。

孩子们刚到实验室时，就被告知他们当天的目标是攀登到攀岩墙的顶部（这是克莱姆森大学户外实验室的主要特点之一）。这一目标令人生畏，因为他们大多数人甚至从未见过攀岩墙。开展这项研究的科学家想看一下哪些孩子能够完成任务，以及是什么因素让他们更有可能完成这项任务。

孩子们在不知道实验内容的情况下，到达之前就被分成了两组。第一组观看了一段简短的视频，视频里有人正在攀登一面攀岩墙，它和现场的攀岩墙看上去很像。第二组没有观看任何视频。除此之外，两组完全一样。

令人惊讶的是，仅仅观看那段视频就产生了戏剧性的效果。尽管两组攀岩者在刚开始时得到了同样的指导，但看过"榜样"攀岩者登上这面攀岩墙的那一组，最终取得了更好的成绩。他们对自己的攀岩能力更有信心，更享受这项活动，最后成绩也更好。

为什么这个小小的改变会带来如此大的差别？如果班杜拉对此进行评论，他可能会将其归功于他所谓的"替代性成功体验"。当你看到或听到别人在与你类似任务中的表现时，这种体验就会发生。看到别人的示范，会增强你的信心。

我们中的大多数人都经历过这种替代性成功体验，即使我们当时没有用这个术语来形容它。想象这样一幅图景。你正在为工作中的一个重要的研究项目而努力。作为独立承担项目的人，你有些担心、害怕。经过几天效率极低的工作之后，你开始得出结论：这个任务不仅艰难，而且绝不可能完成。当你越来越确信你为之努力的事情完全不可能实现时，你离自己的目标就越来越远了。

现在想象一下这样的情况。还是同样的任务，只是这一次，在开始项目之前，你观看了另一个人展示的类似主题的研究项目。他展示的内容和你的项目完全不同。但这时你明白了，这项任务并非无法完成——你刚刚看到别人已经完成了。你变得更加自信，相信这项任务可以完成。这就是替代性成功体验。

班杜拉认为，如果你周围有一些在遇到挑战时能够坚持不懈的人，那么你的自我效能感也会提升，因为他们向我们证明了这些挑战是可以战胜的。用班杜拉的话来说就是："看到与自己相似的人通过持续努力获得成功，会让观察者相信他们也拥有完成类似活动的能力，从而获得成功。"

就像积极的自我对话一样，我们可以将替代性成功体验融入自己的生活中。我最喜欢的方式是欣赏我的榜样们创作的各式作品。在那些我希望变得更加强大的领域，我发现，当我阅读有关他们成功故事的书籍、收听相关播客或观看相关视频时，我的自信心会大大增强。

例如在医院工作时，我经常在上班的路上收听英国皇家医学院制作的医学播客。听听不同的医生如何处理不同的病情诊断和治疗方案，我感觉信心倍增，并将这种信心延续到了工作中。

在我创建第一家在线企业时，我花了很多时间收听《独立开发者》（Indie Hackers）播客节目，节目采访了一些在自己的卧室里创建卓越单人在线企业的创业者。他们讲述了自己面临的挑战以及如何克服这些挑战，这也增强了我应对类似挑战的信心。

在作为一名作家的新生活中，我发现观看或聆听成功作家的节目，甚至亲自采访他们，几乎比其他任何事情都更能激发"我能行"的感觉。

✈ **如果他们能行，你也能行。**

这是一个任何人都可以利用的方法。寻找与你经历同样挑战的人，与他们共度一段时光，或通过其他方式聆听他们的故事。通过让自己沉浸在替代性成功体验中，你将在自己的心里建立起一个强大的信念：如果他们能行，我也能行。

提升技能

在《星球大战》这部影片中，阿纳金·天行者（Anakin Skywalker）以塔图因星球上的一个 8 岁小孩的身份开始了自己的星际之旅。为了赚足够的钱养活家人，他尝试与无人机赛跑。在接下来的三部《星球大战》中，他学会了使用原力、训练光剑，并成长为银河系中最强大的绝地武士之一。

在《饥饿游戏》这部影片中，凯特尼斯·伊夫狄恩（Katniss Everdeen）以来自第 12 区的一位 16 岁少女的身份开始了她的旅程，她靠非法狩猎来养活母亲和妹妹。我们看到，在志愿参加危险的饥饿游戏之后，她变成了一名熟练的弓箭手和战略家，出人意料地组建了联盟，并领导了一场反叛行动以反抗压迫人民的国会大厦。尽管总是运气不佳，她还是变成了整个国家希望和反抗的象征：传说中的嘲笑鸟。

在我最喜欢的动画电视系列片《降世神通：最后的气宗》中，主人公安昂一开始只是一个来自小村庄的孩子，他努力控制着空气元素的力量。在整个系列片中，他不断探索世界。我们看到他最终成长为强大的神通"阿凡达"，掌握了四大元素（土、气、水、火）的力量。在系列片最后，他还通过与火烈王欧宰的史诗般决战，拯救了世界。

这三个故事，以及几千年来成千上万的故事和传说，都展示了我们增强权力感的一种方法。每个主角最初都是一个年轻、缺乏经验的学徒。随着时间的推移，他们都克服重重困难，不断成长。他们的每一次成功都为下一次及以后每次的成功奠定了基础。

我们的老朋友班杜拉为这种学习体验起了一个响亮的名字：直接性成功体验，它是替代性成功体验的反面。按照班杜拉的理论，直接性成功体验就是"在做中学"。

"在做中学"是人类心理学中最强大的力量之一。它是我们建立权力感的第二个关键策略。为什么呢？因为我们做得越多，我们的控制感就越强。在做的过程中，我们学习新知识，提高技能，增强自信，也为自己赋能。

实验 3：初学者心态

直接性成功体验最有趣的一点就是，它们很容易融入你的生活。即使在那些你感觉很难取得进展的领域，你依然可以发挥直接性成功体验的作用。

　　我最喜欢的方法是从菲尔·杰克逊（Phil Jackson）的故事中学到的。大多数篮球迷都对杰克逊有所了解。你们可能知道，作为公牛队的教练，他在20世纪80年代改变了这支球队的文化。你们可能还知道，作为主教练，他是如何在90年代带领这支球队获得了那么多NBA总冠军的（一共是6个，如果你想知道的话），以至于当时的篮球赛事开始变得有点尴尬。另外，你们可能也知道，在帮助迈克尔·乔丹成为传奇的道路上，杰克逊起的作用比其他任何教练都大。

　　然而，大多数人不知道的是，杰克逊体育哲学的起源是禅宗。

　　禅宗是佛教的一个分支，强调通过冥想来获得精神上的启迪。禅宗鼓励人们向内看，去找到自己的方法来理解世界的本质。据杰克逊说，这种思想对他每一次的成功都至关重要。

　　在杰克逊的教练实践中，有一个禅宗概念反复出现，那就是日语中的Shoshin，大致可翻译为"初学者心态"。所谓"初学者心态"，就是指我们以初学者好奇、开放和谦逊的心态来对待每一项任务和每一种情况。

　　拥有初学者心态能够帮助你成为该领域的专家，这事听上去可能有点儿奇怪。初学者，顾名思义，不就是那些什么都不懂的人吗？然而，初学者心态之所以能产生巨大的影响，正是因为它能让我们以全新的视角看待事物。

试想一项你已经练习了多年的技能，大概率你已经建立起一些固定的套路。比如说你喜欢画画，你知道自己喜欢先从哪个部分开始画一幅肖像画。如果你喜欢运动，你可能早就确定了运动场上哪个位置最适合你的天赋。你的经验使你做事的方式变得比以前更加固化。

而初学者没有这些成见。初学者更愿意尝试新事物，即使这些尝试可能会以失败告终。画人物肖像时，初学者会从任何一部分开始，只要他们觉得有趣就行。运动时，初学者乐意从运动场上的任何地方开始，即使他们可能会出丑。他们更愿意去试错，而这些错误恰恰是他们学习这项技能所必需的。

当我们尝试以全新的视角看待世界时，我们就能长期保持这种学习的过程。对芝加哥公牛队来说，这意味着以开放的心态对待每一刻，不偏向任何既定的路径或策略。杰克逊认为，这是球队成功的基础。

那么，我们怎样才能将这种初学者心态融入生活中呢？首先是给自己一些简单的提醒。

如果你在商业领域工作，初学者心态可能意味着你要拥抱创新和实验，你要提醒自己：大师们会被他们过去的经验所束缚，而初学者更愿意尝试新的解决方案，探索新的市场或机遇。如果你正在从事写作或音乐等创造性工作，初学者心态可能意味着你要刻意保持对各种新技术的兴趣，要求自己与不同风格的人合作。初学者并不会坚信哪些方法一定有用，他们就是不断地尝试。

要放弃这种想法：我们什么都懂，或者某些人应该什么都懂。这样，我们会感觉更有力量。这样，初学者心态就能帮助我们以更加好奇、更加谦逊、更加坚韧之心应对挑战。如此，我们也能学到更多。

实验 4：学徒效应

在攻读心理学学位时，我很高兴地了解到，一个家庭中哥哥姐姐的智商通常略高于弟弟妹妹。我一直在想，为什么小时候我总觉得弟弟那么烦人呢？现在我知道答案了。

多年来，科学家们尝试着对这一现象给出各种解释。会不会是因为父母在第一个孩子身上投入的时间和精力通常会多于更小的孩子？会不会是第一个孩子与父母的关系更加密切，从而帮助他们发展了更大的词汇量？还是父母对第一个孩子的期望值更高，从而促使他们在学业上更加努力？

目前尚无定论，但其中一个有趣的解释来自斯坦福大学教育学院于 2009 年开展的一项研究。研究人员安排 62 名八年级学生在同一班级上生物课，并把他们随机分成两组。第一组学生被告知，他们要像平时一样学习课程材料，目标是在课后的考试中取得好成绩。第二组学生被告知，他们将为计算机生成的虚拟人讲授这些材料，他们最终的成绩将取决于这些虚拟"学生"的学习效果。

课程结束后，两组学生参加了同样的考试，以测试他们对课程材料的掌握程度。奇怪的是，研究人员发现第二组学生，也就是那组向虚拟学生讲授课程的学生，比第一组那些只为考试而学习的学生学习效果要好。在完全一样的环境中，两组学生学习完全一样的材料，那组不得不教别人这门课的学生最终自己也学得更好。研究人员将这种现象称为"学徒效应"。

此后几年，研究人类智力的科研人员指出，也许正是因为这种现象，哥哥姐姐的平均智商更高，学习成绩也更好。哥哥姐姐对弟弟妹妹扮演着老师或导师的角色：哥哥姐姐（比如我）经常在弟弟妹妹（比如我弟弟）做作业时给予帮助，回答他们关于世界的各种问题，并分享自己的经验和见解，尽管哥哥姐姐们对自己的答案毫无把握。

"学徒效应"暗示了另外一种我们可以在生活中增加学习经验的方法。正如哲学家塞内加（Seneca）所说："教就是学。"你一旦理解了"学徒效应"的力量，你就能非常轻松地在各种场合担负起教师的职责。

比如说你从事的是软件开发工作。你可以主动提出辅导一名初级开发师或实习生。通过给别人解释复杂的编码概念和最优操作方法，你自己不得不对这些问题进行更深入的思考，结果你的理解更深入了，技能也提升了。

再比如说你从事的是销售工作。你可以主动提出培训新入职的销售代表或者为你的团队举办工作坊。通过与别人分享你的技巧和策略，你自己的技能会得到提升，对销售过程也会有新的认识。你也能帮助同事提高技能，最终使整个团队受益。

✎ **你不需要成为大师，做个向导就够了。**

如果你担心以自己的资历还不足以教别人，那么你应该记住，能教给我们最多的人往往是那些只比我们领先一步的人。所以，任何人都可以成为老师。你不需要成为大师，做个向导就够了。

掌控你的工作

从 20 世纪 70 年代初开始，心理学家爱德华·德西（Edward Deci）对一个简单的问题产生了兴趣：是什么激励人们去做那些很难的工作？

从他开启职业生涯时，这个问题就让他着迷。1970 年，他在卡内基梅隆大学完成了博士学位。仅仅一年之后，他就发表了一篇很有影响力的论文，这篇论文是关于他做的一个实验。实验中，他让人们解决一个名为索马立方体（有点像魔方）的谜题。他发现了一件奇怪的事：与那些不给予任何奖励的人相比，那些被承诺成功后能获得物质奖励的人，喜欢上这项任务的可能性更低，而且在奖励取消后放弃这项任务的可能性更高。

物质奖励似乎降低而非提升了人们投入一项任务的意愿。这让德西得出一个结论：提供物质奖励本身就会降低人们的动机。

1977 年，德西遇到了另一位年轻的心理学家理查德·瑞安（Richard Ryan），两人开始了一段工作上的合作关系，而这段关系改变了整个世界对动机的看法。在接下来的 20 年里，瑞安和德西提出了一种全新的思维方式，用来解释人们为什么要做很难的事情。1981 年，他们提出了"自我决定理论"，这也是他们最大的贡献。

在此之前，大多数科学家都以为动机主要由奖励和惩罚等外部因素所驱动。但德西和瑞安的发现截然不同。

德西和瑞安希望读者把动机看成是一个谱系，谱系的一端是"外在动机"，另一端是"内在动机"。内在动机来自内部：由自我实现、好奇心和真正的学习欲望等所驱动。外在动机来自外部：由加薪、物质奖励和社会认可等所驱动。但不同形式的动机作用大小不一样。根据自我决定理论，内在动机比外在动机要强大得多。持久的动机来自内心（见图 2-1）。

动机谱系

外在动机	内在动机
☐ 奖励与惩罚	☑ 自我实现
☐ 社会认可	☑ 好奇与学习
☐ 绩效目标	☑ 个人成长

图　2-1

　　但德西和瑞安的理论并没有止步于此。因为他们还证明，内在动机是可以培养的。早在 20 世纪 80 年代，他们就证明了内在动机可以通过几种力量来增强，其中最主要的是我们的"自主权"。用外行话来说，就是一种控制感。控制感是提升我们权力感的最后一个贡献因素，而权力感又为我们的生活和工作提供能量。

　　德西和瑞安认为，当人们感觉对自己的行为拥有自主权时，他们更可能受到内在激励去做这些事。这就是为什么索马立方体实验证明物质激励反而降低了人们的动机。他们并不觉得自己能够掌控这项任务，他们只是为了一些外在的激励去完成它。他们的控制感降低了，动机也就降低了。

　　这一点也适用于我们的生活。我们需要控制感，这就是为什么我们讨厌老板和父母事无巨细地管理我们。我们需要控制感，这就是为什么我们小时候那么喜欢装饰自己的房间（长大以后则喜欢设计自己的家）。当我们对自己生活的控制感被剥夺时，比如不得不从事一项自己不喜欢的工作，这会对我们的身心健康造成灾难性的后果。

　　问题是控制权并不总能轻易获得。诚然，有些人对自己的日常工作有很大的自主权。成功的企业家可以自主决定企业的发展方向。"数字游民"可以自由地在全球各地旅行，还可以坐在世界上任何一家咖啡馆里工作。但有的人并没有这样的权力。酒店接待人员不得不站在前台迎接和欢迎客人，他不能选择居家工作。医院病房的初级医生不得不照顾所有病人，也不能拒绝给那些态度粗鲁的病人看病。

但是控制权的概念之所以如此强大，是因为你可以将它应用到几乎任何情况。很多时候，当我们处于对自己不利的境地时，我们会开始产生一些听天由命的想法。"我不喜欢我住的地方，但是我没有能力搬家。""我不喜欢这段关系的发展方向，但是我没有能力改变它。""我觉得这份工作很无聊，但是我没有能力做出改变。"

有的时候我们是正确的：我们确实无能为力。但我们通常拥有超出意识之外的能动性。即使我们不能控制整个形势，至少可以控制它的一部分。其实我们一直都拥有控制权，即使我们没有意识到它的存在。

实验 5：掌控工作的过程

关于人类对不利形势拥有非凡控制能力的证明，我最喜欢的一个事例是 FiletOfFish1066 的故事。

　　2016 年 6 月，社交新闻网站 Reddit 贴吧上账号为FiletOfFish1066 的版主被解雇了，这件事登上了新闻头条。作为软件开发师，他已经在这家公司工作了 6 年。他的主要工作就是在质量保证部门测试软件。这个工作非常无聊。他的全部工作就是在同样的软件上重复同样的测试，运行同样的脚本。

　　所以，FiletOfFish1066 想出了一个计划。在没有告知老板的情况下，他利用入职以后的前 8 个月时间编写了一个软件，将他的工作自动化。从此，他编写的这个定制程序自动运行，完美地进行着质量保证测试工作。他的老板从来没有检查过他的工作，因为一切都进展顺利。正如他被解雇后在 Reddit 上发的一条帖子所说："从大约 6 年前到现在，我什么工作也没做。我不是在开玩笑。我每周上班时间是40 小时，其实就是在办公室打《英雄联盟》，浏览 Reddit网站，想做什么就做什么。过去 6 年时间，我真正的工作时间可能只有 50 小时，所以基本上什么都没做。而且也没有人真正在意我在做什么。"

　　对 FiletOfFish1066 来说，不幸的是，他的天才计划实施 5 年多以后，信息技术部门的人发现了真相，并报告给了老板。他被解雇了，因为他大胆地把自己的工作进行了自动化。当然，我并不是说 FiletOfFish1066 的工作策略无懈可击，也并不认为他是美德的典范。但我觉得 FiletOfFish1066 的行为确实暗示了我们建立控制感的第一个方法，即使在我们缺乏自主权的情况下这一方法依然有用，那就是：当我们不能掌控整个形势时，我们还可以掌控做事的过程。

✈ **当我们不能掌控整个形势时，我们还可以掌控做事的过程。**

FiletOfFish1066 意识到他可能主导不了自己的工作，因为他必须按照老板说的去做。但是他选择自主决定如何去做这个工作。有许多东西是他无法掌控的：他所要测试的软件、经理的关注重点，以及他需要完成的工作量。但是也有许多任务是完全由他来掌握的：如何完成任务清单，如何管理自己的时间，以及如何使用手中的工具。就这样，他意识到，自己的工作可以自动化，然后他花了 8 个月的时间建立这套体系和流程来实现他的目标。

他的经历给我们每个人都上了一课。即使一项任务的最后结果是由别人决定的，我们也几乎总会想出办法掌控工作的过程。如果你从事的是客户服务工作，你可能无法左右公司的政策，但你可以掌控与客户互动的方式。你可以努力倾听他们的关切，体谅他们沮丧的心情，并为他们的问题找到创造性的解决方案。

如果你是一位老师，你可能决定不了学校的课程设置。但你可以决定如何讲授这些课程。你可以找到创新的方法吸引学生，创造一些有趣的活动强化学生对概念的理解，并且提供个性化的反馈，帮助每位学生成功。

如果你在工厂或流水线上工作，你可能掌控不了生产目标。但你可以决定如何为生产过程贡献力量。比如你可以设法改进自己的工作以提高效率，或在质量问题出现之前找到潜在的风险因素，或为优化工作流程提出自己的建议。

按照自己的方式去做，你会获得一种非凡的力量，即使在你最没有权力的情况下。

实验 6：掌控你的心态

最后一个建立内在动机的方法是我作为初级医生的时候发现的。那时我在妇产科病房值了一个很长的班，马上就要结束了。就在我准备下班的时候，一位护士拦住我说："阿里医生，请你给 4 床那位女士插上静脉输液管好吗？"

我的心一沉。我知道这位病人的静脉血管很难找，把输液管插进去将至少耽误我半小时才能离开医院。整理器械的时候，我感到一阵怨气涌上来。如果我早走几分钟，这就是夜班医生的工作了。那样的话我早就在开车回家的路上了，顺便买一份麦当劳，听一听有声读物。现在，我却不得不留下来处理这个麻烦的任务。

就在那时，我无意中听到另一个病房的病人和她丈夫说的话。她滔滔不绝地说着她在医院的体验是多么美好，对照顾她的医生和护士是多么感激。我的情绪平复了。我意识到，我正在利用我的医学知识和实践技能给一位怀孕 12 周的年轻女士插上静脉输液管，这样我们就可以在晚上给她输液，帮助她缓解恶心的症状。这会让她感觉好一点，也会帮助她体内的胎儿成长。

对此，我怎么可能抱怨呢？这就是我选择的工作呀。我接受了 8 年的医学训练，如今才能够帮助面前这位正在受苦的病人。现在终于有机会真正发挥作用了，我却在抱怨多工作了几分钟。

我意识到，尽管我不能选择是否为病人插输液管，但我可以改变自己的心态。我想起了在采访作家塞思·戈丁（Seth Godin）时萌生的一个想法。当时，我可以选择皱着眉头四处徘徊，心里想着："为什么我必须要做这件事？"但我也可以选择换个方式看待这件事。我可以告诉自己"是我选择做这件事""我要做这件事"，甚至是"我很荣幸能做这件事"。

从"不得不做"到"我选择这样做"，我的心态转变了。我迈着轻快的步伐，面带微笑走进病房，准备好给她插上静脉输液管。

我不是第一个使用这种方法的人。2021 年，一些学者精心设计了一套巧妙的实验方法，用于测试人们掌控自己的行为对其观念和行为的影响。一半的参与者被随机分配到一组，按要求写下前一天所做的三个选择，例如，"我昨天选择早起""我午餐选择吃方便面""我选择在第二个闹钟响的时候起床，继续我的一天"。另一半参与者只需要写下他们前一天做的三件事，例如，"我吃了早餐""我去购物了""我去了健身房"。

两组参与者都写完以后，研究人员让他们更广泛地反思一下自己的生活。作为实验的一部分，参与者需要通过回答一些问题，比如"你的肌肉有多发达？""你的身体有多强壮？"以及"你的体格有多健美？"等，为自己的体力进行评分，满分是 5 分。结果是，与对照组相比，写下自己选择的那组认为自己肌肉更发达、更强壮、更健美。正如论文的作者所说："突出强调'这是自己选择的'会导致一种自我膨胀感……一种比别人更好、更强的感觉。"简单地将他们的思维模式从"必须做"转变为"选择做"，就增强了他们的控制感、权力感，而这反过来又提高了他们的能力。

你也可以这样做。"必须做"是一种强制性语言，让你感到无力。"选择做"是一种肯定自主权的语言，它会让你感到强大。当你觉得必须做某事时，再多想一想：你的选择是如何让你走到今天这一刻的？有没有办法把这个"必须做"变成"选择做"？如果你所做的事情不是你自己选择的，那么关于做事的方法你有哪些选择呢？

第二次世界大战期间奥斯维辛集中营的幸存者、奥地利精神病学家维克多·弗兰克尔（Viktor Frankl）说得特别好：人所拥有的一切都可以被剥夺，唯独一样东西不会，那就是人类最后的自由——在任何境遇下选择自己的态度和生活方式的自由。

小　结

- "权力"这个词听起来有点可怕，但它并非如此。我们说第二个能量来源是权力，并不是指对别人进行控制。在这里，我们指的是有能力掌控自己的工作、生活和未来的感觉。

- 从现在开始，有三种方法可以增强自己的权力感。首先是增强自信。我们以为自信心是不会被改变的，但实际上它非常具有可塑性。所以，为什么不尝试"打开自信开关"，做一个充满自信的人呢？

- 其次是提升自己的技能。问问自己：假如我对这项任务一无所知，会是什么样子呢？虽然我还不是专家，但我怎样才能教会别人呢？

- 最后，看看为了获得控制感你能做些什么，即使在你不能如愿掌控局面的情况下。记住，如果你决定不了工作的内容，你还可以选择工作的方式。尽管结果并不总是由我们掌控，但是过程和心态却由我们自己决定。

第 3 章

人

　　你有没有觉得，在和某些人一起闲逛或工作之后，你感觉自己好像能征服整个世界？他们使你精神振奋、能量满格。你很想和他们在一起。

　　相反，你也可能遇到过这样一些人，每次和他们相处之后你都会觉得筋疲力尽，就好像他们在你的情绪和动机上投射了阴影一样。人们很快就意识到，要像躲避瘟疫一样远离他们。

　　对于第二种人，我的一位朋友把他们叫作"能量吸血鬼"。他们从社交中吸取生命的血液，使身边的每个人都筋疲力尽。我第一次听说"能量吸血鬼"这个词时，觉得它有

点太刺耳，而且有点过于魔幻。但现在我觉得她说的话很有
道理。

　　科学家们早就意识到了这种"关系能量"，即我们与
他人的互动会对我们的情绪产生深远的影响。在 2003 年
的一项研究中，心理学教授罗布·克罗斯（Rob Cross）、
韦恩·贝克（Wayne Baker）和安德鲁·帕克（Andrew
Parker）提出了"能量地图"的概念。他们与几家大公司的
顾问和经理一起合作，确定谁与谁一起工作，以及某个人对
其他人能量水平的影响。他们发现了什么呢？即使在大型组
织里面，大家对于谁是能量提供者（以及谁是能量消耗者）
的意见也惊人地一致。有的人在你身边就像噩梦一般可怕。

　　从那以后，关系能量成为行为科学领域最热门的概念之
一。关系能量被定义为"在与他人互动时直接体验到的积极
感受和智慧增加的感觉"。2010 年，以"关系能量"为主
题的研究只有 8 项；到 2018 年，这一数字已经接近 80 了。

　　所以，关系能量为我们提供了最后一个能量来源：人。
2003 年的那项研究表明，有的人可以提升我们的情绪，使
我们的效率更高。但这不是必然的。这需要我们深入地思考
如何与他人建立关系。在本章中，我们将探索各种方法，使

你身边围绕一些能让你感觉更有活力的人，从而让你能做更多重要的事情。

找到你的场域

20 世纪 70 年代的魅惑摇滚世界发生的故事，使我第一次洞察到"人"在好心情生产力中的作用。

20 世纪 70 年代初，布莱恩·伊诺（Brian Eno）却似乎正在走向一种安于平庸的生活。他刚从温彻斯特艺术学院毕业不久，几年来也做了一些前卫的音乐项目——在一个古怪的艺术摇滚乐队做鼓手，用他那台破旧的录音机录制一些古怪的歌曲——但这些事业都没有真正发展起来。在伦敦的摇滚乐坛里，他似乎注定要成为一个受人喜爱但却处于边缘的人。

然后，1971 年的一天，他与当地一名音乐家的偶遇改变了他的一切。在等火车的时候，伊诺遇到了一个熟人：萨克斯管演奏家安迪·麦凯（Andy Mackay）。当时，麦凯在当地一家俱乐部演奏萨克斯管，于是，他邀请伊诺到那里看一看。当他们到达演出现场时，那里的气氛非常热烈：观众们非常兴奋，房间里的活力把伊诺深深地吸引住了。后来，他谈到与麦凯的会面时说："如果我当时在站台上再往前走10 米，或者我没赶上那列火车，或者我是在下一节车厢，我现在可能已经改行当艺术老师了。"

相反，伊诺发现自己进入了一个充满活力、令人兴奋的音乐场景之中。在接下来的几个星期里，他和那里的人谈论音乐，竟然创作出了一生中最好的艺术作品。他与麦凯一起，创立了极具影响力的摇滚乐队 Roxy Music，最终成为20 世纪最具影响力的歌手和制作人之一。

多年后，伊诺回想起这个独特的音乐社区对他事业起步的重要性。他注意到，他那个时代所有最具创新性和突破性的音乐家都不是孤军奋战，他们都属于由艺术家、制作人和粉丝组成的强大社群的一部分，他们互相推动着彼此去探索新的声音和想法。伊诺发现了集体场域产生的天才，他称之为"场域天才"（scenius）。⊖

我亲身体验过场域天才的作用。我不喜欢医学院的竞争意识。每个人都在努力取得最高分，赢得学术奖项，或者在实习项目中获得最好的岗位。有些人把这种竞争意识发挥得太过分了。我认识的一个人甚至会从图书馆里把同样的书借

⊖ scenius 是 scene 和 genius 两个英文单词的组合。——译者注

走很多本，因为这样别人就看不了了。这样的环境鼓励人们把生活看作一场零和游戏：要让自己赢，别人就得输。

但我最终明白了，还有另一种方式来看待你与同伴的关系。医学院不是竞争的场所。我们都是同一个场域的一部分。理解了这一点，我们才能够获得大量的支持，这种支持是靠我们独自一人永远无法得到的。

实验 1：战友心态

我们怎样才能把场域天才的理念融入我们的日常生活呢？可以从一个微小的转变开始：重新评估"团队合作"的定义。

当有人说到"团队合作"时，我们往往会联想到一系列行为——公平地分配工作，或者在有人遇到困难时帮助他们。当然，这是其中的一部分。但还有另外一种理解团队合作的方式：不仅仅把它看作具体的事情，更重要的是作为一种思维方式。

🚀 **团队合作既是一种分配任务的方式，也是一种心理状态。**

这也是斯坦福大学教授格里高利·沃尔顿（Gregory

Walton）和普里扬卡·卡尔（Priyanka Carr）的建议。他们认为，团队合作既是一种分配任务的方式，也是一种心理状态。在 2014 年发表的一项研究中，他们将 35 名参与者分成 3 ～ 5 人一组。参与者们见面并做自我介绍之后，都被带到一个个独立的房间。然后，科学家们给每个参与者一道难题，告诉他们可以根据自己的需要来决定花多少时间破解这道难题。

参与者们解题几分钟以后，他们所有人都会收到一份手写的解题思路提示。所有的提示都是一样的（而且确实很有帮助），但有一个关键的区别：有的参与者得到提示时被告知，这些提示是由负责这项研究的科学家专门为他们写的；有的人则被告知这是他们刚刚见过的一位同伴为他们写的。

这个微小的差别极大地影响了参与者对实验的感受。被告知提示来自科学家的那些人更容易觉得自己是完全独立于其他参与者在做题。当被要求描述一下自己所做的事情时，他们回答："我在独立破解一道难题，而其他人则是一起做一道题。"他们是在并行工作，而不是一起工作。

而那些被告知提示来自同伴的人更容易觉得自己是在和其他人组成一个团队工作。他们觉得自己是在"通过互相发送提示，与一个隐形的伙伴合作解决问题"。当被问及解题时的感受时，他们写道："我觉得自己有义务努力地做题，这样就不会让其他人失望。"他们不再是并行工作，而是在一起工作。

这种微妙的心态变化产生了显著的效果。合作组的参与者们愿意在这道题上花费的时间比另一组长 48%。原因是他们建立了"战友心态"。他们也因此做得更好。

并肩工作与"并行工作"之间的差别看上去可能非常小，但它向我们暗示了一种方式，让我们能够充分利用"人"的赋能效应。即使我们是在独立地承担一项工作，我们也可以说服自己，我们是团队的一员。我们可以非常轻松地做到这一点。

战友心态就是，有意识地把与你一起工作的人视为团队的一部分。请看下面的列表（见表 3-1）。怎样才能把你的关注点从左边这栏转到右边这栏呢？如果这些人不是竞争对手，而是你的战友，会是什么样子？如果你是一名员工，你能否招募一些人与你一起工作，并在精神上相互支持？如果你是一名学生，你能否与同学分享自己的笔记或想办法和大家一起复习？

表 3-1

竞争者心态	战友心态
"你赢了，我输了"	"你赢了，我也赢了"
"这是我的成功"	"这是我们的成功"
"我通过超越别人而成功"	"我们通过帮助别人而成功"

正如沃尔顿总结的那样："只要感觉自己是团队中的一员，你就会在接受挑战时更有动力。"遇到困难时，有朋友依靠总比有敌人压制要好。

实验 2：寻求同步性

当然，有时很难找到合作对象。有时，你很难强迫自己把在校园另一边（更不用说世界另一边）的人当作团队成员。有时，我们的同伴可能非常令人讨厌。

这时，我们可以借助第二个工具。通过加拿大瑞尔森大学的三位学者设计的一个非常巧妙的实验，我第一次了解到这个工具。几位学者在 2017 年发表的一篇论文中提到，他们召集了 100 名学生来研究团队合作科学。学生们被分成 6 人一组，戴上耳机，随着音乐节拍用手敲击桌面。有的 6 人组都短暂地听到了相同的音乐节拍，所以他们的敲击是同步的。在另外的 6 人组中，每 2 个 3 人组听到相同的音乐。

最后，有些小组的人听到了 6 首完全不同的背景音乐，因此完全没有同步性。

然后，科学家把他们的耳机拿走，给了他们一些新道具。现在，每位参与者都得到了 10 枚代币，他们被告知这些代币稍后会被兑换成真钱。科学家想知道，他们会把这些代币送给谁呢？

科学家感兴趣的是测试一下"同步"参与者之间的同志情谊。科学家发现，参与者随音乐敲击桌面的同步程度决定了一切。当参与者在一个 3 人组同步敲击时，他们就想把钱送给 3 人组成员。但是，如果其中 2 个 3 人组同步敲击，从而形成一个 6 人组并持续敲击几分钟，那么成员们更有可能把钱送给所有这 6 个人。

✈ **同步性让我们想帮助他人，也让我们想帮助自己。**

这与"人"对好心情生产力的作用有什么关系呢？其实，它告诉了我们一种关于如何创造团队意识的有力工具。当我们与他人同步工作时，我们往往会更有效率。同步性让我们想帮助他人，也让我们想帮助自己。

这项研究的寓意很简单：如果我们想充分利用"人"的

好心情生产力效应，那就试着找到与你同步工作的人——即使你们并没有在积极地合作完成同一项任务。在写作本书的过程中，我经常参加伦敦作家沙龙活动，该沙龙有一个名为"作家时间"的免费远程合作小组。在每个工作日，几百名作家（还有一些非作家）通过 Zoom 视频电话每天相聚 4 次。主持人会花 5 分钟分享一条激励信息，并要求参与者在聊天室中发布他们在这段写作时间的计划。然后，在长达 50 分钟的时间里，每个人都将 Zoom 窗口最小化，各自在自己的电脑前工作。

我一直觉得这些同步会议对我保持满满的能量非常有帮助。尽管我们都在做不同的事情，但与他人同步工作使我更能集中注意力，也让我心情更好。

感受帮助别人带来的快感

在这些虚拟的写作会议中，我注意到一些其他的东西。随着时间的推移，我认识了我组里的其他人，而且很快，我们就开始在 Zoom 上互发信息寻求支持。这最终将我引向了关系能量的另一个维度：给予和接受帮助的效应。

对于这种效应，没有人比艾伦·卢克（Allan Luks）理解得更深刻了。作为纽约市"大哥大姐会"的负责人，卢克负责一个由数千名志愿者和工作人员构成的组织，他们致力于改善纽约市年轻人的生活。这项工作非常困难，而且令人苦恼。该组织把成年导师与那些家庭成员遭遇了监禁、吸毒或自杀等危机的儿童和青少年进行配对，给他们做心理辅导。卢克深知师徒关系的重要性及其对年轻人的影响，因此对这项事业充满了热忱。但它运行起来真的很难。

当他在"大哥大姐会"待的时间从几个月变成几年之后，卢克开始注意到一些奇怪的现象。是的，志愿者们有时会因为他们所经历的事情而感到疲惫或沮丧。但更常见的情况是，即使面对那些最难处理的心理辅导，他们做完离开时也会感到充满活力。卢克开始意识到，帮助别人不仅可以改变被帮助者的生活，也可以改变志愿者自己的生活。

出于对这一现象的好奇，在接下来的几年里，他采访了数千名有过助人经历的志愿者。他们都说，之所以选择从事这项工作，部分原因是这项工作让他们感觉很棒。他发现，95% 的志愿者们表示，他们在服务别人的过程中感到更快乐、更充实、更有活力。

为什么会这样呢？卢克的研究表明，当我们帮助他人时，我们的大脑会释放出大量化学物质，从而产生一种自然的兴奋感。催产素等让我们心情好的激素在我们体内激增，形成一波积极的能量，在帮助他人结束后还能持续几小时甚至是几天。

卢克意识到，"帮助别人带来的快感"不仅仅是一种感觉。它是实现个人成长、社会变革的有力工具，我还想加上一点，它也是实现"好心情生产力"的有力工具。感受帮助别人带来的快感是我们利用"人"的好心情生产力效应来做更多对我们重要之事的第二种方法。

实验 3：随意的善举

我做医生的时候，每看完一个病人，会有几分钟的休息时间。这时我就会起身给自己泡一杯茶。

从某种程度上说，这是一种利己行为，可以说，我是英国首屈一指的茶叶鉴赏家。但我也时刻关注着整个团队。在去厨房的路上，我会把头探进护士办公室，问有没有人想让我帮忙泡一杯茶。这个小小的举动似乎对团队士气产生了一种神奇且重大的影响。我清楚地记得，在新冠疫情最严重的时候，我给一位高年资护士朱莉倒了一杯茶，她当时的表情就像是我给了她一张中奖彩票一样。这一切都是因为一个普通的茶包、一点热水和一勺牛奶（关键是要按照这个顺序泡）。

随意的善举是第一种能让我们把助人的快感融入日常生活的方法。停下手中的工作，随手向他人提供帮助，可以提高你体内的内啡肽水平，帮助自己更加努力地工作。

当然，泡茶并不是唯一的善举。无论你身处何种环境，你都可以将善意的举动融入每一天。比如说，你在一家公司工作。你是否注意到你身边有人看上去很无聊，或者有点疲惫？为什么不带他们出去吃午饭，而是坐在办公室随便吃个三明治充饥呢？

再比如说，你在超市购物时，你身后的人看起来有点焦虑——也许他们家里有小孩子需要照顾。为什么不让他们排在你前面呢？

另外，如果有人对你表达了善意，哪怕是很小的善意，比如有人在你忙碌的时候帮你完成了一项任务。为什么不给他们写一封感谢信呢？

这样的随意善举数不胜数。给同事倒杯饮料，给朋友写封感谢信，给陌生人让个座位，这都是一些细微的小事，但都能带来微妙的变化。

实验 4：接受别人的帮助

帮助别人能给我们带来快感，这一事实也说明，向他人寻求帮助实际上是送给他人的一份礼物，而不是我们通常认为的负担。

这就是年轻时的本杰明·富兰克林（Benjamin Franklin）的顿悟。这位多才多艺的美国国父，在他 84 岁的人生中，对国家治理的本质进行了哲学思考，还成立了费城第一个消防队，并参与签署了美国《独立宣言》。但在 1737 年，这一切还远远没有到来。那时，富兰克林正在宾夕法尼亚州议会参加连任竞选活动。一位竞争对手议员说了一些对他不利的话。他的观点与富兰克林完全相反，两人关系紧张，经常冷冰冰的。

富兰克林急切地想阻止这个人针对自己的宣传攻势，因为这有可能会毁掉他的连任竞选。但他如何才能赢得一个在任何事情上都与他意见相左的人呢？他在自传中解释说，答案与他借的一本书有关。富兰克林写道："我听说他的图书馆里有一本非常稀有而奇特的书，于是我给他写了一张字条，表达了我想阅读这本书的强烈愿望，并请求他能借给我几天。"出乎富兰克林意料的是，他的这位劲敌立即寄来了这本书。富兰克林在归还这本书时，还附上了一张字条，表达了他对这本书的喜爱之情。

令人惊讶的是，这件事对他们的关系产生了深远的影响。富兰克林写道："当我们再次在众议院见面时，他开始对我说话了（他以前从未这样做过），而且非常有礼貌。此后，他在所有场合都表现出愿意为我服务的态度，因此我们成了很好的朋友，而且我们的友谊一直持续到他去世。"

借书这一看似微小的举动，却对富兰克林的对手和富兰克林本人产生了重大影响。那个人对富兰克林的举动感到非常惊讶，他开始用新的眼光看待富兰克林。他无法相信，自己曾经帮助了一个与自己意见相左的人。结果，他对富兰克林的态度开始好转。

这一概念如今被称为"本杰明·富兰克林效应"。它表明，当我们向他人寻求帮助时，很可能会让对方对我们产生好感。这是帮助别人带来改变效应的另外一面：我们可以请求别人帮助我们，这也会让对方感觉更好。

遗憾的是，我们大多数人都不善于寻求帮助。我们可能需要从同事那里获得某个关键信息，但我们不会去"麻烦"他们，而是试图自己解决，从而把时间浪费在这个过程上。或者，我们可能在课堂上为某个问题而苦恼，但发现自己并不想向旁边的人甚至老师寻求帮助，因为我们担心别人觉得自己很笨。

那么，我们怎样才能学会向别人求助呢，而且是以一种让人乐意接受而不是令人反感的方式？有几种方法。首先，我们需要克服不愿开口的心理障碍。最简单的方法就是相信这样一句格言：人们比你想象的更愿意提供帮助。我们现在已经多次看到，为别人带来微笑、教别人或指导别人都会让自己感到充满活力。即便如此，我们很多人还是低估了别人帮助我们的意愿。根据学者弗朗西斯·弗林（Francis Flynn）和瓦妮莎·博恩斯（Vanessa Bohns）的研究，人们往往会把别人愿意帮助自己的可能性低估 50%。

其次，以正确的方式提出请求。尤其是要尽量当面请求帮助。以网络通信的方式求助会让情况变得更加糟糕。博恩斯在 2017 年的一项研究中发现：求助者认为通过电子邮件提出请求与当面提出请求同样有效；而实际上，当面请求帮助比通过电子邮件提出的有效性大约高 34 倍。

最后，确保使用正确的语言。避免使用"我觉得向你请教这个问题真的很不好"等诸如此类的消极短语，也不要说"如果你能帮我，我就帮你做这个"之类的话，要避免把它变成一种交易。相反，要强调你向这位人士寻求建议的积极原因，比如"我看到了您在 X、Y、Z 方面的工作，这对我影响很大。我很想知道您是如何做到 A、B、C 的"。通过强调你所钦佩之人的积极方面，他们会认为你真正重视他们的意见，从而也就更有可能帮助你。

最后一点很关键。如果措辞得当，请求帮助会让被求助者感觉更好，就像帮助别人会让你感觉更好一样。如果你想充分利用本杰明·富兰克林效应，你就应该尽最大努力向别人请求帮助，而且不附带任何交换条件。

过度沟通

我刚开始创业时，最头疼的就是确定沟通的必要性。确切地说，要确定进行多少沟通是必要的。

我当然知道分享信息很重要。但是我不知道我到底需要进行多少沟通才够。我最终意识到，由于担心自己显得过于专横，导致我并没有进行足够的沟通，当然这一点要归功于我那些长期受此折磨的队友们所提供的宝贵建议。我没有给出大多数团队成员真正需要的正面或负面的反馈。这个情况很普遍。我们需要进行多少沟通才够？我们更容易低估而不是高估这一数字。

🖋 **当你觉得已经沟通很多时，你往往沟通得还不够。**

因此，大多数关于增强团队凝聚力的书籍都把重点放在沟通上，而在这里，我想重点谈谈过度沟通的力量。当你觉得已经沟通很多时，你往往沟通得还不够。不同的团队成员可能会以不同的方式来解读你共享的信息，他们有不同的背景或理解水平。过度沟通意味着你要有意识地超出你认为必要的程度去做更多的沟通，最终你的沟通程度会刚刚好。但如何做到呢？

实验 5：过度分享好事情

瑞典有句谚语："分享快乐你将得到双倍的快乐，分享悲伤你将减少一半的悲伤。"当一个人与另一个人分享好消息时，两个人都会感到快乐。当一个人与另一个人分享悲伤的事情时，会减轻一些悲伤。

因此，过度分享好事情的第一个策略就是分享积极的消息，并且以一种激励人心的方式回应积极的消息。这样对分享者和回应者都有帮助。对于分享者来说，分享积极消息这一简单的行为会增强积极情绪，且有利于心理健康。对于回应者来说，对他人取得的成就表示自豪和高兴，可以促进与对方之间的积极互动，从而增进双方的关系。

在心理学中，这种自我强化的积极的互动方式被称为"资本化"。有关该主题的一篇论文认为"资本化"包含两个部分。第一部分是某人（分享者）试图通过积极事件和与之相关的积极情绪与他人建立联系。例如，你可能会对朋友说："嘿，我终于得到了梦寐以求的加薪！"第二部分是好消息的接收者要以积极的方式做出回应，要充满热情和兴奋。因此，他们可能会说："哇，太棒了！我知道你一直在为加薪而非常努力地工作！"

也许看上去很简单，但实际上并非如此。因为，根据加州大学心理学教授雪莉·盖博（Shelly Gable）的观点，对于好消息，你有无数种回应方式，但并非所有方式都是积极的。我们可以把这些反应方式划分到两个坐标轴。第一个坐标轴是关于你的反应是主动的还是被动的；第二个坐标轴是关于你的反应是建设性的还是破坏性的。

假设有一天你的室友回到家，告诉你他得到了一份一直在努力争取的工作。以下是四种不同的回应方式（见图 3-1）。

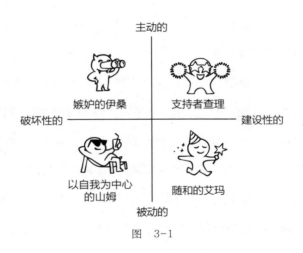

图　3-1

- 支持者查理：主动的建设性回应。比如："哇，太棒了！你为此付出了很多努力。我就知道你会成功的！"

- 随和的艾玛：被动的建设性回应，就是给予一种低调的回应。比如轻轻点头微笑，然后说："这是个好消息。"

- 嫉妒的伊桑：主动的破坏性回应。这是一种破坏你室友

　　　　成功的回应："哦，那是不是意味着你会特别忙，连晚
　　　　上和周末都不能出去玩了？"

- 以自我为中心的山姆：被动的破坏性回应。基本上忽略
　　你室友的好消息，说："好吧，你肯定不相信我今天遇
　　到了什么事。"

　　盖博和她的同事发现，以主动的、建设性的方式回应
好消息会让分享者更开心，也会让关系更牢固。事实上，在
2006 年的一项研究中，研究人员对 79 对恋爱中的情侣进
行了录像，观察他们是如何与对方讨论好消息和坏消息的。
结果发现，参与者如何回应伴侣的好消息，是预测他们在一
起时间长短以及在这段关系中幸福程度的最有利因素。

　　因此，能够为他人取得的成功而喝彩非常重要。而做到
这一点最好的办法就是对所有好消息采取主动的建设性态度。

　　幸运的是，这是我们可以学会的。首先是为对方的好消
息由衷地感到喜悦，并表现出来。可以用"这真是个好消息"
或者"我真为你高兴"这样的话来表达。

　　然后，向分享好消息的人回忆一下，你是如何亲眼见证
了这个好消息的产生过程的。比如说你看到他为这次面试做

了多么艰苦的准备，花了多少个星期学习资格考试的内容，以及他是多么渴望得到这个结果。

最重要的是，要表现出你对这一好消息如何影响他的未来持乐观态度（但不要让对方有过高的期望）。如果有人刚刚找到一份理想的工作，请告诉他，你为他即将拥有的机遇感到非常兴奋。如果有人刚刚辞去一份普通的工作，开始自己创业，那么请告诉他，你为他即将到来的历险之路感到激动。

过度交流不仅会激励别人，还将激励你自己。

在任何情况下，都要努力使你的过度交流尽量积极、振奋人心。过度交流不仅会激励别人，还将激励你自己。

实验 6：过度沟通不太好的事情

为了充分利用别人带来的好心情生产力效应，我们不仅需要分享好消息，也需要学会分享坏消息。不幸的是，我们并不是很擅长做这事。

问题的关键在于，我们人类太善于撒谎了。我们何止是每天都在撒谎，我们每小时都在撒谎。根据马萨诸塞大学心理学家罗伯特·费尔德曼（Robert Feldman）2002 年的一项研究，60% 的人平均每 10 分钟谈话，就会至少撒一次谎。

当然，并非所有的谎言都一样重要。大多数谎言都微不足道，通常是善意的谎言，比如告诉朋友你喜欢他的新运动鞋，尽管它并不是你喜欢的风格。或者安慰你妈妈，说她做的烤鸡一点都不干。

但这也有坏处。说谎，即使是善意的谎言，也有其生理影响。说谎与大脑边缘系统的激活有关，而边缘系统正是大脑中激发"战斗或逃跑"反应的区域。当我们诚实时，大脑这一区域的活跃程度最低；而当我们说谎时，它就会像放烟花一样闪亮起来。

我们之所以要撒谎，是因为诚实常常让人感觉到陷入一种两败俱伤的局面。如果我们太诚实，我们就输了，因为这让我们看起来像个笨蛋。但是，如果我们不诚实，我们也输了，因为我们会陷入一种自己无法接受的境地而内心怨恨自己。这对所有过度沟通的人来说都是一个棘手的问题：我们需要在不撒谎的前提下分享不好的事情。有什么好办法吗？

作家兼首席执行官教练金·斯科特（Kim Scott）认为，解决办法并不是"诚实"，而是"坦诚"。斯科特在她的《彻底的坦诚》（*Radical Candor*）一书中写道，彻底的坦诚是指在直面当前挑战的同时，给予别人真正的关心（即真正关心与你交谈的人）。彻底的坦诚不意味着把问题个人化，不意味着自以为最了解情况，也不意味着想到什么就说什么。它意味着不在背后说别人的坏话，而是直接分享你的观点，并把你的思考过程告诉对方。

选择"坦诚"而不是"诚实"有一些好处。因为诚实意味着你知道真相。它往往带有道德含义，会让人非常难受（比如我的同学詹姆斯用一句轻描淡写的"我只是实话实说，伙计"来侮辱我的牌技，至今让我记忆犹新）。当我们说"我跟你说实话"时，就好像在说"这就是事实，我要告诉你事实是什么"。但涉及互动时，真相往往并不明朗。比如，你可能觉得你的直属经理像是要榨干你，但客观来说，这个人可能并不是一个糟糕的经理。据我们所知，其他人可能觉得他是一位好经理，也可能是他个人生活中经历了一些事情，而这些事情影响了他的工作。

与此相反，坦诚并不假定我们知道真相。坦诚的精神更像是这样："我是这么想的。你能听我说完或帮我一下吗？我们可以一起做。"

那么，我们如何才能学会打造一种坦诚反馈的文化呢？这种文化既允许你表达负面反馈又不会毁掉别人的一天。你需要遵循以下步骤。首先，使你的分析建立在客观、非评判性的条件上。例如，"我注意到你在会议上几次打断了赫敏的话"会比"你简直太粗鲁了"有效得多。同样，对别人说"你错了"或"你很无能"，也会让对方感到被攻击，想要自卫，因为这太主观了（更不用说还有点粗鲁）。一定要就事论事。

其次，关注问题的具体表现。同样，要避免主观判断。只需实事求是地强调你所观察到的结果。例如，"我注意到，你在会议上打断罗恩的话后，讨论的气氛就有些平息了。这真的很可惜，因为我当时特别想听听其他人怎么说"。

最后，将注意力从问题转向解决方案。提出你希望看到的替代方案。例如，"下次，请等别人发言完毕后再分享你的想法"或"下次，你可以向他们提问，以表明你对他们的观点很感兴趣，但可能不太同意他们的观点。我觉得提问可能会让你得到更好的回应，也许还能促成你们的合作"。提出替代方案可以将讨论的重点放在可能的解决方案上，而不会让对方觉得自己受到了批评。

　　这三个步骤简单易行，可以让分享不愉快的信息变得更容易一些。它们都暗示了这样一个理念：即使分享不好的消息也可以把人们凝聚在一起，让他们感觉更好。而且我们没说一点谎。

小　结

- 有朋友在身边，生活会更有趣。这就是为什么我们的第三个能量来源是"人"。有些人天生就能提升我们的能量——关键是要找到他们。
- 首先，成为一名团队合作者。试着把和你一起工作的人当作战友而不是竞争对手。
- 其次，与他人建立联系也意味着帮助别人，并寻求别人的帮助。但我们不仅很少帮助别人，我们也很少寻求帮助。所以试着问问自己：我能做点什么来使别人的一天过得更好吗？
- 最后，记住在人际交往中最常被遗忘的一个事实：当你觉得自己已经沟通很多时，你往往沟通得还不够。问问自己：你是否还有什么信息没和别人分享，而分享这些信息可能会让他们开心一整周？

第二部分

消 除 障 碍

Unblock

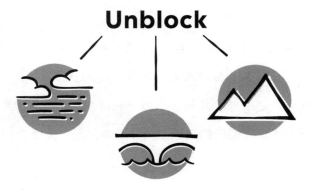

第 4 章

寻 求 清 晰

我看过一段非常怪异的视频，名字叫作《你有多想要？》。这段视频已经被观看过近 5 000 万次了。

视频讲述了一个年轻人去找一位"大师"，向他请教怎样致富的故事。他们约定第二天在海滩见面，大师会在那里告诉他答案。

第二天凌晨 4 点，男子来到海边。大师说："往前走，一直走到水里。"年轻人照做了。"再往前走一点。"年轻人又照做了。"继续走。"年轻人继续往前走，直到头完全浸入水中。突然，大师出现在年轻人身边，把他的头按在水下。年轻人剧烈挣扎，但大师一直按住他，直到他快要淹死的时候才把手松开。年轻人喘着粗气，这时，大师说："当你像渴望呼吸一样渴望成功时，你就会成功。"

这个视频包含了很多内容。但是，这位大师到底是谁（他是怎样获得这个称谓的）？为什么这个年轻人如此心甘情愿地按大师的要求走进大海——他们不是刚刚才认识吗？最奇怪的是，为什么这段视频下面竟然有两万条评论，人们都说它彻底改变了他们的生活？

现在，我觉得这段视频既怪诞又有些令人沮丧。但第一次看的时候，我正遭受着拖延症的折磨，所以我觉得这个视频可能会对我有所帮助。刚开始创业的时候，我还是一名初级医生，似乎无论我如何努力，都无法走出把工作一拖再拖，最后又拼命赶进度的怪圈。当然，我并不是唯一一个这样的人，许多比我更伟大的人也一直饱受拖延症的困扰。就拿达·芬奇来说吧，一位与他同时代的、亲眼看见他画《最后的晚餐》这幅画的人写道："他会连续两天、三天或者四天不碰画笔，只是每天花上几个小时待在作品前，两臂交叉，审视自己的画，自言自语地评判画中的人物。"

在这种时候，仅靠前面讲过的"玩""权力"和"人"这三种能量源是不够的。在第一部分中，我们探讨了这三种力量如何帮助我们在工作和生活中感觉更好，提升我们的能量，帮助我们做更多重要的事情。但是，这些还不是全部。随着事业的发展，我意识到，无论我如何努力将这三种能量源融入我的生活，我还是会因为拖延而陷入困境。

当我有拖延症的问题时，我常常忍不住求助于那些简单的"技巧"，就像那个怪异视频中的人一样。视频里说，如果你拖延，那是因为你没有足够的动力。如果你有足够的动力，如果你对成功的渴望就像你对呼吸的渴望一样强烈，你就会成功。

我把这种解决拖延症的方法称为"动机法"。这是一种老生常谈式的方法，但毫无意义。

"动机法"的问题显而易见。我们很多人是真心想做那些有难度的事情。我们觉得自己有足够的动机，但还是会遇到无数个障碍——时间和经济上的限制、必须承担的家庭责任、身体和心理健康问题，等等。仅有动机显然不够。而告诉人们他们需要"更有动力"，不仅对他们没有帮助，反而可能有害，因为这会增强他们的无力感，当初也正是这种无力感导致了拖延症。

那么，当内在动机不起作用时，我们该借助什么力量呢？当我们不再纠结于自己是否真的有足够动力时，很多建议都会指向另一个原则：纪律。简单地说，纪律要求我们做那些自己不太愿意做的事。纪律和动机正好相反。纪律要求你在动力不足的情况下仍然采取行动。如果你打算去慢跑，积极上进的人的反应是："我想去跑步，因为比起休息，我更想赢得马拉松比赛。"自律的人的反应则是："不管我感觉如何，我都要去跑步。"这就是耐克倡导的理念——"只管去做"（Just do it）。

相比于"动机法"，我更倾向于"纪律法"。纪律是很有用的。有时我早上不想去上班，但我还是去了，也许这就是纪律的作用。

但这种看法并不全面。如果你马上就要发表演讲，却迟迟不想去写稿子，这并不一定是因为你的纪律性还不够强，可能还有其他深层次的原因在阻碍着你，而"纪律法"并不关心那些原因是什么。这让你感觉很不好。用心理学教授约瑟夫·法拉利（Joseph Ferrari）的话说："告诉一个积习难改的拖延症患者'只管去做'，其作用就好像对一个被诊断为抑郁症的患者说'振作起来'。"

"动机法"和"纪律法"都是有用的策略，但它们更像是遮盖在深层伤口上的创可贴。它们有时可能会起到治标的作用，但并不能达到治本的效果。

那么，在与拖延症的长期斗争中，到底什么方法有效呢？下面我们要介绍第三种方法，我把它称为"消除障碍法"。

"动机法"建议我们要让自己觉得想去做这件事；"纪律法"建议我们要忽略自己的感觉，无论如何都要去做这件事；而"消除障碍法"则鼓励我们首先要了解自己为什么不喜欢做这件事，然后直面问题并解决问题。

✈ "消除障碍法"鼓励我们首先要了解自己为什么不喜欢做这件事。

想象一下，你的鞋子里有一块小石子，让你跑起来脚特别疼，但你又必须及时赶到朋友家吃晚饭。你很纠结；你想准时到达，但你又知道走起来会很痛苦，你该怎么办？

第一种解决方案最简单：什么也不做。拖延时间，直到浪费掉整个晚上。这样你会错过晚宴，下次也就不会再被邀请了。

第二种解决方案是"动机法"。这就需要说服自己，晚餐会令人非常兴奋，"值得"你忍受一下跑步带来的疼痛。

你不顾疼痛，朝着目的地飞奔而去，却在半路上摔倒在路边。你低头看了看自己快速肿胀起来的那只脚，却并不担心。毕竟，你相信只要有足够的动力，就能克服任何困难。

第三种解决方案是"纪律法"。你已经答应去吃晚饭，而且你是那种信守承诺的人。于是，你向朋友家跑去，小石子磨破了你脚底娇嫩的皮肤。看，你终于成功了！不幸的是，晚餐也没法吃了，因为你的朋友不得不开车把你送到医院去治疗你那只血淋淋的脚。在等待医护人员的过程中，你对自己说："自律就是自由。"

我初步认为，这三种解决方案都不对。第四种（也是最好的一种）解决方案需要一点批判性思维。你可以花一分钟时间想一下："为什么我去朋友家的路这么难走？"然后你会脱下鞋子，找到小石子并把它拿掉。之后你就可以跑起来了。

这就是"消除障碍法"，也是本书接下来这三章的重点内容（见图 4-1）。我们将会了解到，拖延症通常是由消极情绪引起的——它的作用与我们在第一部分中讲到的让人产生好心情的能量源正好相反。当不确定性带来的困惑、恐惧带来的焦虑以及惯性导致的懒惰等负面情绪阻碍我们前进时，我们就会拖延。拖延会带来更多的不良情绪，进而加剧拖延。这就是情绪低落与停滞不前的恶性循环。

图　4-1

　　幸运的是，我们有办法减弱这三种情绪障碍的力量。在接下来的篇幅中，我们将探讨这些负面情绪如何影响我们并消耗我们的能量。我们将利用好心情生产力科学，从战略上将它们全部消除。

不确定性迷雾

　　拥有好心情生产力的第一个障碍最为常见，但也最难被察觉。它如此常见，以至于我们都没有意识到它的存在。

　　想象一下你在大雾弥漫的夜晚开车的情景。你眯着眼睛，想看清前面的路。你还试着把前灯开得更亮。但是大雾还是不散。最后，你意识到你需要在路边停车，因为你已经非常疲惫了。

　　这种情况给人的感觉有点像拖延症。在很多情况下，我们之所以没有付诸行动，是因为我们不知道自己首先应该做什么，就好像我们的周围笼罩着一层神秘的迷雾。我称之为"不确定性迷雾"。

　　许多科学家研究了这种现象，把它称为"不确定性无力感"。当我们被未知因素或复杂的形势所压倒，导致无法采取行动时，就会产生这种现象。这种无力感使我们无法在某项任务、项目或决策上取得进展。它阻碍着我们获得美好的感觉，也使我们无法完成自己的工作。

　　不确定性让我们感觉很不好，从而妨碍我们取得更多的成就。人类天生就厌恶未知的事物。我们更喜欢可预测性和稳定性，它让我们做事的时候更加果断而高效。但是，也有一些人更善于应对不确定性。心理学家和精神病学家用"无法忍受不确定性量表"（intolerance of uncertainty inventory，IUI）来衡量这一点。该量表是 20 世纪 90 年代由米歇尔·杜加斯（Michel Dugas）和他的同事一起开发的，包含了一系列对不确定性容忍程度的表述。其中一项表述是："不知道下一步会发生什么，这对我来说通常是不可接受的。"为了衡量你对不确定性的容忍度，心理学家会看你对每条表述的认同程度，然后把你所有的答案汇总得出一个总分。

该量表首次告诉我们不确定性引起拖延症的方式及原因。对不确定性容忍度较低的人往往会认为不确定性对人造成威胁，使人焦虑，从而让人一再拖延，尤其是面对那些模棱两可的任务时。为什么呢？有一篇关于焦虑和不确定性之间关系的综述指出，以下几个因素会强化不确定性、焦虑和无力感之间的循环。

1. 我们高估风险。焦虑的人认为不确定的情况会比现在更糟。

2. 我们高度警惕。由于感觉到可能会发生不好的事情，发现任何潜在的危险迹象时，我们都保持高度警惕。

3. 我们无法识别安全信号。因为我们对威胁过度警惕，所以哪怕实际上没有危险，我们也无法冷静下来。

4. 我们会变成回避型的人。我们的大脑会促使我们在行为和认知上都采取回避策略，让我们尽快逃离不确定的局势。

任何曾经有过拖延症的人都有过以上经历，至少是部分经历。现在考虑一下常见的不确定情况，比如选择职业。假设你有一份稳定的工作，而你正在考虑辞职，换一个不太稳定但可能更有意义的职业。面对不稳定职业带来的不确定性，你可能会有如下经历：

1. 高估风险。你高估了选择"错误"的职业道路带来的负面影响，比如赚不到足够的钱。

2. 过度警惕。你会过度关注那些暗示职业选择成功或失败的迹象，比如，统计数据表明，许多人都后悔换工作。

3. 无意识。你不能识别出有助于你取得成功的那些因素，比如对你计划加入的公司进行调查研究。

4. 逃避。你干脆推迟做出职业选择的决定。毕竟，在目前的工作岗位上再坚持一年也没有那么糟。

最后的结果是：你的焦虑或恐惧情绪越发严重了——这让你在做出职业选择时拖延得更久。你比之前感觉更差了，因此做得也更少了。

我们大多数人都经历过这样的挣扎过程。但好消息是，我们能够打破这种恶性循环，消除不确定性迷雾。

要解决这个问题很简单，你只需提出几个恰当的问题即可。一旦你回答了这几个问题，前方的道路就会变得清晰起来。

为什么？

不确定性导致拖延症的主要原因在于，它让我们不能明确最终目的。如果我们不知道为什么要开展某个项目，就几乎不可能真正去做这个项目。

至少这是 1982 年美国陆军得出的结论。这一年，美国陆军出版了最新版的官方《野战手册 100-5：作战》。作为军队最重要的"如何作战"指南，该手册向官员们概括了最有可能在战场上取得成功的方法。其核心是一个新的概念："指挥官意图"。

"指挥官意图"这一概念产生于德国军事传统，最早可追溯到 19 世纪末的普鲁士军队。德国军事战略家们认识到，任何作战计划都无法预测战争将面临的混乱现实。正如老毛奇元帅所说："与敌军首次交锋后，任何计划都无法继续下去。"（准确地说，他是这样表述的："一旦与敌军主力首次交锋，没有任何作战计划能确定无疑地照原计划进行下去。"但这句话不如上面那句好记。）

因此，德国军官不再纠结于士兵在战场上可能采取的每一步行动，而是采用了"使命型战术"——这种理念要求士兵首先要明确为什么作战，而不是过于关注详细的作战方法。围绕一项使命的基本要点，该手册概述了"指挥官意图"的三个关键组成部分：

1. 行动背后的**目的**。

2. 指挥官的**最终目标**。

3. 指挥官认为为实现目标应完成的**关键任务**。

"指挥官意图"认为，军事将领们只需要回答最高级别的"为什么"：确定行动背后的目的，必要时可以模糊地勾勒出可能需要经过的几个阶段。要给予部队权力，让其能够根据前线形势的不断变化而灵活调整作战方式。这种方法的适用范围不局限于战场。理解指挥官的意图，有助于我们明确工作背后的目的，从而拨开不确定性迷雾。这就是"为什么"这个问题的答案。

实验 1：运用"指挥官意图"

如何在我们的生活中运用"指挥官意图"呢？第一个答案，我们可以从 1944 年 6 月 6 日发生在法国北部的诺曼底登陆事件中找到。

盟军入侵被纳粹占领的法国，整个计划策划得十分周密。在第一次进攻中，13.3 万名士兵将在诺曼底海滩的一些精确位置登陆，降落在特定城镇和村庄的伞兵团将前来支援他们，将这些地方从纳粹手中解放出来，并保护重要的桥梁和道路。但从一开始，这个计划就出了很多问题。

在伞兵降落到地面的几分钟内，他们大多数人发现自己降落在了完全错误的位置。在接下来的几个小时里，他们进一步发现，许多兵团在一夜之间莫名其妙地混在了一起——士兵们并没有和他们熟悉并信任的部队一起，反而是在和一些以前从未交谈过的士兵一起战斗。用战略作家查德·斯托利（Chad Storlie）的话来说，这就是一场"军事灾难"。

然而奇迹般地，在几个小时内，诺曼底登陆计划又回到了正轨。盟军虽然没有占领他们预期中的村庄，但他们发现目前所占领的村庄也符合战略目标。这样，登陆诺曼底海滩的部队得以按计划向内陆推进。

这个传奇故事意味着"指挥官意图"理念的胜利。军事将领们的具体命令没起作用，因为他们制订的计划出了差错。但因为他们已经传达了指挥官的意图，所以参与行动的每个人都知道此次行动的目的。弄清楚了"为什么做"，就可以找到"如何做"的其他方式。

现在，我每天都在把这个方法运用到自己的生活中。以前，当我启动一个项目时，我的本能是立即向前推进，计划好每一步，却从未真正考虑过我要达到的最终目的。但是，这种强迫性的计划可能会成为一种障碍。我会淹没在完成具体任务的过程中，而忘记最终目标是什么。所以现在，在开始一个新项目之前，我会问自己"指挥官意图"包含的第一个问题："做这件事的目的是什么？"然后在此基础上制定我的待办事项清单。

我发现，问一下这个简单的问题可以产生显著的效果。多年来，我一直未能实现练出"六块腹肌"的目标。每年1月，我都会兴致勃勃地跑去健身房。但几周后，动力就会逐渐减弱，然后又回到了起点。

当我运用"指挥官意图"这一理念时，我意识到这是因为我完全弄错了健身的目的，也就是"为什么"这个问题最重要的部分。事实上，我想要的并不是健美的腹肌。我真正想要的是保持健康均衡的身体状态和生活方式。是的，确实有那么一点爱美的动机，但与健康而强壮的身体相比，那点动机微不足道。

你几乎可以把这种方法运用到任何方面。就拿学习法语来说吧。问问自己，你学习法语的目的是什么。你是想费力地理解复杂的 19 世纪现实主义小说吗？还是只是为了顺利应付即将到来的巴黎之行？接下来，再想一想这对你的学习方法有什么影响。你打算如何学习这门语言？是使用多邻国（Duolingo）语言学习平台，是参加语言培训班，还是只是大量观看 20 世纪 50 年代的法国电影？

同样，假如你想创业。你的最终目标是什么？你是想每个月多赚几百美元去度假吗？是想获得数百万美元的利润，以便早日退休吗？还是你想创造一些你觉得能够帮助他人并改变他们生活的事物呢？现在想想这对你下一步的行动意味着什么。你真的需要完全辞掉工作吗？还是只须在晚上抽出几个小时就够了？是应该贸然创建一个公司，还是应该先发展自己的技能？

实验 2：五个"为什么"

每时每刻你都需要提醒自己这个重要的"为什么"。你发送的每一封邮件，召开的每一次会议，以及喝咖啡时的每一次闲聊，都应该让你或多或少离终极目标更近一些。

但这并不总是那么容易。在完成项目的过程中，你是否会被紧迫的任务期限和一些烦人的小任务所困扰，以至于忘记了什么是你的最终目标？就像我在撰写本书时再一次发现，你可能会花费几个月，甚至是几年的时间专注于那些无关紧要但很紧迫的任务，而你的最终目标（比如完成全部初稿）却被无情地忽略了。

那么，如何才能确保我们所做的每一个选择都围绕最重要的"为什么"展开呢？对此我有一个建议，而这受到了 20 世纪初日本汽车生产线的启发。在西方，丰田佐吉最为人所知的是他创立了以自己名字命名的丰田公司。但在日本，他的声望更高。首先，是他在 19 世纪末彻底改变了日本的纺织业；其次，他还是日本工业革命之父。

最重要的是，丰田佐吉还以执着地专注于消除工厂里的失误而闻名，他的方法是确保每个人都专注于重要的事情。另外，他一直非常痛恨浪费时间和资源的行为：最开始他因为设计了一款特别的手工织布机而出名，每当线断了的时候，这种织布机会自动停止工作，以防止浪费更多的布料。他对消除浪费的重视还促使他发明了一种当下很有名的方法，叫作"五个'为什么'"。

当时，"五个'为什么'"为工厂里找到出错的原因提供了一种简单的方法。每当生产线上出现错误，丰田的员工都会问五个"为什么"。

比方说，有一台机器坏了。为什么会这样？第一个问题的答案会让他们找到直接原因。"因为有一块布卡在织布机里。"下一个答案会挖得更深一些，为什么布会卡在织布机里？"因为大家都有点累了，注意力不集中。"问到第五次，员工们就会找到问题的真正根源。"因为现在的企业文化很糟糕，老板对我们来说就是个噩梦。"

我对丰田佐吉的方法做了一点改动，我们不仅可以用"五个'为什么'"来解释出错的原因，还可以用它来确定一项任务是否值得一做。每当团队中有人建议我们开展一个新项目，我都会问五个"为什么"。第一次问的时候，答案通常与达成短期目标有关。但如果真的值得去做，那么所有的"为什么"都应该引导你回到你的最终目标，就像"指挥官意图"所指出的那样。如果不是这样，你可能就不应该去做这件事。

我发现，这种方法能帮助我和团队将注意力集中在重要的事情上。经常问"为什么"会提醒我们真正应该关注的东西，并让我们把注意力集中在这上面。突然之间，那些无关紧要却又紧迫的任务就显得不那么重要了。最重要的目的，也就是最重要的"为什么"开始变得清晰可见。

是什么？

一旦确定了"为什么"，你就需要将其转化为更为具体的东西。毕竟，一种模糊的使命感不足以让你启动一个项目；你还需要一个详细的行动计划，以免自己不知道从哪里开始。

但是，在实践中，确定你应该做什么并不总是那么简单。

以职场为例。吉姆和他的新老板查尔斯在工作上的合作并不顺畅。无论吉姆做什么，查尔斯都认为他是个懒惰、不认真、不专业的人。他似乎无法给老板创造一个好印象。

一天早上，查尔斯让吉姆给他提供一份全部客户的"情况表"。不幸的是，吉姆根本不知道什么是"情况表"。一整天，吉姆都在办公室里走来走去，试图弄清楚老板查尔斯到底要求他做什么，但又不向老板承认自己不清楚任务要求。结果这一天结束时，吉姆什么也没做。最后，他走进查尔斯的办公室，直接坐下，完全不顾老板会有什么反应，问道："'情况表'是什么？"

我描述的正是美国版《办公室风云》（The Office）第五季第 23 集的情节。它是有史以来收视率最高的电视剧之一，因为它幽默而准确地描绘了现代职场每日都在上演的可怕情景：微观管理的老板、办公室政治，以及最重要的一点——当你意识到自己完全不清楚面临的任务是什么时的那种崩溃感。

以上就是我说的不明白"是什么"的情况。想象一下，你是一名学生，正在为弄明白你的作业而苦恼；你是一名员工，正在为老板含混不清的指示而困惑；或许你正在尝试启动一项个人计划，比如学习弹吉他，但却不知从何下手。在上述每一种情况下，不确定自己到底应该做什么，都会成为阻碍你开始工作的巨大障碍——这会消耗你的精力，让你甚至还没开始工作就已经觉得筋疲力尽。

那么，如何解决这个问题呢？答案就是将抽象的目的转化为一系列具体的目标和行动。也就是把注意力从"为什么"转到"是什么"。

实验 3：NICE 目标

将目标转化为计划，第一步是设定目标。你可能知道"为什么"要做这件事，但如果没有明确最终目标，你很难知道如何达成目标。

　　但是，设定目标可能是件棘手的事。当然了，所有人都知道目标的重要性。问题是，人们对于目标的形式却有不同的看法。

　　早在 1981 年，华盛顿水电公司的顾问和前企业规划总监乔治·多兰（George T. Doran）就在《管理评论》（*Management Review*）杂志上提出了 SMART[⊖]目标这一概念。这是个首字母缩写词，代表：具体的、可测量的、可分配的、有意义的、与时间有关的。这个简单易记的概念迅速在管理学和个人发展领域获得了广泛关注。随着时间的推移，无数其他缩略词也出现了，每个词都对有效的目标做出了自己的解释，包括 FOCUSED[⊜]目标（灵活的、可观察的、一致的、通用的、简单的、明确的、定向的），以及 HARD[⊝]目标（用心的、生动的、必要的、有难度的），甚至还有 BANANA^㉕目标（平衡的、荒谬的、无法实现的、疯

　⊖　SMART 是以下英文单词的首字母缩写：specific、measurable、assignable、relevant、time-related。
　⊜　FOCUSED 是以下英文单词的首字母缩写：flexible、observable、consistent、universal、simple、explicit、directed。
　⊝　HARD 是以下英文单词的首字母缩写：heartfelt、animated、required、difficult。
　㉕　BANANA 是以下英文单词的首字母缩写：balanced、absurd、not attainable、nutty、ambitious。

狂的、雄心勃勃的)(对了，最后一个是我编的)。

　　所有这些缩写词都有一些共同点。首先，它们都强调了目标必须明确且可量化。无论是"具体的"还是"明确的"，它们所指的都是你的目标应该易于追踪和检查。其次，它们都非常注重最后的结果："可测量的"和"可观察的"等词的意义是，你可以客观地判断自己是否达到了理想的最终状态。

　　因此，如果经事实证明，高度可追踪的、以结果为导向的目标设定是无效的，那可就太遗憾了。甚至有时这种目标会成为阻碍效率提高的障碍，而不是方法，那就更遗憾了。

　　不幸的是，这似乎正是新一轮研究所证明的结果。研究发现，虽然具体的、有挑战性的目标可以提高某些特定类型的人在某些特定任务方面的表现，但它们也可能带来意想不到的负面影响。

　　第一次听到这种说法时，我简直不敢相信。我曾经花了那么多年时间制定 SMART 目标。现在突然有人告诉我，它们并不像承诺的那样有用。

　　但是，事实越来越明晰了。上述目标可能会使我们陷入"井底之蛙"的困境——当我们过于关注一个非常具体的最终目标时，我们可能会忽略其他关键因素，比如坚持自己的价值观。更大的问题在于，这种目标会对我们的内在动机产生影响：如果我们过度执着于一个目标，我们就会忽略某项任务可能带来的内在乐趣。2009 年，哈佛大学、西北大学、宾夕法尼亚大学和亚利桑那大学的研究人员合作发表了一篇论文，题为《目标失控：过度强调设定目标的系统性副作用》（*Goals gone wild: the systematic side effects of overprescribing goal setting*）。他们将目标的设定视为一种令人上瘾且具有破坏性的过程，是一种"处方药物"，而不应该将其看作一种"无害的、能增强动力的非处方药物"。

　　我并不是说所有的目标设定都不好，也不是说 SMART 或类似 SMART 的目标都无效。对于某些类型的人和某些任务来说，它们肯定能起到激励的作用。但它们也有一些有害的副作用。如果你有拖延症，你可能会从另一种方法中受益。

　　我所青睐的方法并不执着于要达成一个外部结果或目的，而是强调创造一种让人感觉美好的经历。它就是我所说的 NICE 目标（见图 4-2）。

图　4-2

- 近期的（near-term）：近期目标确保我们专注于整个过程中我们需要立即采取的措施。这能帮助我们避免被最终的目标压倒。我发现，每天或每周目标是最有用的时间范围。

- 输入型的（input-based）：输入型目标强调的是过程，而不是某个遥远而抽象的最终目标。输出型目标注重最终结果，比如"年底前减重 5 公斤""我的书登上畅销书排行榜"，而输入型目标则注重我们此时此刻能做什么，比如"每天散步 10 分钟""每天早上为我的小说写 100 个字"。

- 可控的（controllable）：我们希望把重点放在自己可以控制的目标上。可能你并不能真正做到"每天花 8 小时写小说"，因为要实现这样的投入，必须有许多外部因素共同起作用。设定一个真正可控的目标（比如每天分配 20 分钟来做这件事）要现实得多。

- 激发活力的（energising）：我们已经讨论过很多使我们的项目、任务和日常事务更能激发活力的原则和策略。有没有办法将"玩""权力"和"人"这三种能量源融入你为自己设定的目标中呢？

你甚至可以把 SMART 目标作为你的长期目标，而把 NICE 目标作为当前的目标。举几个例子来说明（见表 4-1）。

表　4-1

	SMART 目标	NICE 目标
健身	在未来三个月内减掉 20 磅	每天锻炼 30 分钟，且专注于那些愉快而可控的活动
职业	在两年内晋升到高级管理职位	每周拿出 1 小时来提高一项关键技能或与业内专业人士建立联系
教育	在两年内拿到硕士学位	每天花 30 分钟复习课程材料，把作业分解成一个个小的任务来完成

这样做的结果是，你制定的目标既会让你感到动力满满，又能让你感觉心情好，从而使效率更高。而且即使没有实现这些目标，你的生活也不会因此毁掉。

实验 4：水晶球法[⊖]

随着 NICE 目标的实现，你应该对具体需要做什么有了

⊖ 水晶球是一种古老的占卜工具，传说中人们借助水晶球预卜吉凶，透视未来。——译者注

更清晰的认识——这会使你更容易开始工作。但是，在开始之前，你可能需要先排除一些障碍，这样做对你有益。

想象一下一周后的自己。你已经明确了自己想要做什么，以及为什么要这么做。然而，尽管做了这么多准备，你竟然还没有开始。出了什么问题呢？

我把这种方法称为"水晶球法"，尽管有时它也被称为"事前分析法"。它提供了一种方法，可以让你找出阻碍你实现目标的重大障碍，从而防止你的计划落空。

这个方法很简单。通过在大脑中预演可能出错的事情，可以大大降低实际出错的概率。实际上，沃顿商学院教授黛博拉·米切尔（Deborah Mitchell）进行的一项颇具影响力的研究表明，"前瞻性后见之明"，即想象事件发生的过程，能将我们预先找到事情进展顺利（或出错）的原因的能力提高 30%。

对我来说，当你深入研究以下几个简单的问题时，水晶球法就会发挥巨大的作用——这些问题是我经常向团队提出的，同时我也鼓励他们向我提出这些问题。

1. 想象一下，现在已经过了一周时间，而你却还没有开始你计划完成的任务。你还没有开始行动的三个最主要原因是什么？

2. 你能做些什么来降低这三个原因可能导致你计划落空的风险？

3. 你可以向谁寻求帮助，以遵守这一承诺？

4. 你现在可以采取什么行动来提高你完成任务的概率？

这个方法几乎适用于任何我们想努力实现的目标。因为有一件事你可以确定，那就是有些事情肯定不会按计划进行。因此，你也需要为此做好计划。正如艾森豪威尔（Eisenhower）将军所说："没有一场战役是按计划打赢的，但也没有一场战役是在没有计划的情况下打赢的。"

什么时间

你在考虑启动一项任务时，有多少次会想到"我不知道怎样抽出时间做这件事"？

用哲学作家奥利弗·伯克曼（Oliver Burkeman）的话说，时间"总是已用完"。一些人的时间比其他人用完得更快。虽然我们经常听说，我们每天都有同样的 24 小时，但显然这不是真的。你的确每天都有 24 小时，但其中有多少小时是你可以控制的，取决于很多因素。有的名人身边有 1 个厨师、1 个司机、2 个全职保姆和 3 个私人助理协助，这样在 24 小时内他们就会有更多可以随意支配的时间。而普通人每天都要花费几个小时来维持基本生活——通勤上班、工作、回家、照顾孩子、做饭、打扫卫生、购物、洗衣服等。

所有这一切都意味着，时间仿佛总是供不应求。因此，要拨开不确定性迷雾，最后一个步骤就是做好时间管理。

到目前为止，我们已经研究了如何通过问自己"为什么"来确定我们的整体目的，通过问自己"是什么"来确定具体的最终目标和任务。但还有一个问题我们没有回答。如果你不确定什么时间做，那你很可能就不做了。

✈ **如果你不确定什么时间做，那你很可能就不做了。**

从某种程度上说，问自己"什么时间（做）"就是接受自己的局限性。如果你一周只有为数不多的空闲时间，而你却没有按照本书中的生产力原则充分利用这些时间，你不一定是在拖延，也许你只是还没有分清轻重缓急。

但当我们面对真正想要从事的项目，我们就需要找到

"什么时间"这个问题的确切答案。我们的第一种方法源自21 世纪 10 年代中期波士顿大学的一项研究。

实验 5：执行意向

2015 年秋天，波士顿附近一些"觉得没有足够时间锻炼"的人开始收到一些宣传单。有一个研究团队希望研究出最有效的方法，让人们多做运动。

研究人员邀请志愿者参加一项研究实验，在这项实验中，志愿者需要完成每周都增加一定步数的目标。他们每人都收到了一个叫 Fitbit 的设备，这是一种跟踪健康指标（如每日步数）的设备，他们需要佩戴 5 周。

在参与者不知情的情况下，他们已经被分成了两组。第一组只收到了 Fitbit 设备，没有进一步的说明。第二组收到了 Fitbit 设备和一系列提示，第一个提示要求参与者说明何时增加每天的步数。此后每天晚上，他们都会收到一封电子邮件，要求他们查看第二天的日程安排，确定可以进行锻炼的时间段。

这一微小的干预对结果产生了巨大的影响。5 周结束时，第一组（只拿到了 Fitbit，没有任何说明）的步数与原来相比几乎没有变化。与此相反，第二组（拿到了 Fitbit 和具体的提示）的步数从平均每天 7 000 步增加到了将近 9 000 步。

这些小小的行动触发点被称为"执行意向"，与行为改变有关的科学研究表明，它们可以带来革命性的变化。

"执行意向"是纽约大学心理学教授彼得·戈尔维策（Peter Gollwitzer）的研究重点。它们提供了一种方法：将一个新行为的实施时间融入你的日常生活中，就像波士顿研究中的提示一样。如果你事先决定好什么时间去做某件事，那么你就更有可能去做。按照戈尔维策的说法，"执行意向"的最佳公式是条件陈述："当 X 发生时，我会做 Y。"

如果你想练习正念，但又不确定如何将这种练习纳入你的日程安排，那么就创造一个触发点："今天中午我站起来去喝茶时，先做 5 次深呼吸，然后再走到员工厨房。"

如果你想把吃水果的行为变成长期的行为，那就创造一个触发点："每当我走进厨房时，我就吃一个苹果。"

如果你想花更多时间陪伴家人，且长期如此，那就创造一个触发点："每当下班回家后，我就给妈妈打电话。"

这些小小的触发点可以产生显著的效果。2006 年，戈尔维策与别人合作撰写了一份元分析报告，涉及 94 项不同的研究、8 000 多名参与者。报告显示，这些类似"如果……那么……"的提示从根本上改变了人们的长期行为。研究认为，当我们有意为自己设定一个需要遵守的"如果……那么……"条件陈述时，我们就会提前加强对这一情境的心理表征。当触发点发生时，你就很难再忽视它了。你已经把它纳入了应对这一情境的心理模型。

✈ **你不再需要考虑什么时间去做，直接就做了。**

这样做的效果非常显著。你不再需要考虑什么时间去做，直接就做了。

实验 6：时间分块

还有一种方法更简单，能帮你找到时间去做你认为重要的事情，但这可能是一种最没有得到充分利用的方法：时间分块。

"如果你想完成某件事，就把它写在你的日历上。"时间分块其实就是这种做法的另一种时髦叫法。但我此处指的不仅仅是会议，我指的是投入高强度工作的时间、处理行政事务的时间、跑步锻炼的时间这类事情。这一方法很简单。然而，就是这样一种简单的方法，我们中的许多人却没有利用起来。

　　我认识很多这样的人，他们组织能力很强，积极性很高，有明确的人生目标，却没有付出一点努力把自己最看重的事情写进日历，对此我一直感到不解。我也是吃了苦头才认识到，如果你不把想做的事情写进日历，它们就不会发生。

　　我经常在想，为什么人们如此抗拒利用日历。我猜想，人们可能对如此精细地安排自己的一天有一些抵触情绪。在日历上写下"去健身房"或者"写 1 小时小说"，对于那些我们并不认为是"工作"的事情来说，可能显得太死板、太有条理了。

　　但事实上，有条理的生活并不会限制你的自由，反而能给你带来更多的自由。通过为不同的活动划出特定的时间段，你可以确保自己有时间去做那些对你来说重要的事情：工作、爱好、放松、社交等。你不再一整天都被动应对那些突然出现的或者别人扔给你的各种事情。相反，你可以根据自己的优先事项来规划自己的生活。

　　可以把时间分块看成做时间预算。就像你把收入分配为用于房租、日用品、娱乐和储蓄等不同类别一样，你也要把 24 小时分配给不同的活动。就像财务预算能给你带来财务自由一样，时间分块也能给你带来时间自由。

　　如果你渴望立即开始尝试时间分块，我创造了一个三级
体系来帮助你实现它。

　　第一级是为你一直回避的特定任务分配时间段。在这个
层次上，你要开始处理那些在待办事项清单上被搁置太久的
任务。这些任务可能包括清理电子邮件收件箱、整理工作空
间，或者是开始撰写你一直在逃避的那份报告。在你的日历
中为这些任务分配一段特定的时间。你可以在周二上午 9 点
到 10 点清理收件箱。就像对待其他约定一样对待这个时间
段。当预先安排的时间到来时，请你只专注于这项任务。

　　第二级是对一天中的大部分时间进行分块。在练习了
对单个任务进行时间分块之后，你应该每天早晨起床后就
开始为这一整天制订时间分块计划。想象一下，你起床后
是这样计划一天的：早上 7：00 ～ 8：00 是锻炼时间；
8：00 ～ 9：00 是早餐和家庭相聚时间；9：00 ～ 11：00
是紧张的工作时间，用于处理最重要的项目；11：00 ～
11：30 是收发电子邮件的时间，以此类推。

　　你实质上是把待办事项清单变成了一份时间表。通过为
每项任务分配具体的时间段，你就能为何时以及如何完成一
天的工作制订一个清晰的计划。

最后是第三级，为"理想的一周"进行时间分块。这样做，你不仅仅是在计划某一天，而且是在计划未来的整整七天。要确保生活的方方面面都得到应有的关注。首先确定所有对你来说重要的事情：工作、家庭、爱好、锻炼、放松、个人发展，等等。然后，在一周中为每件事划出特定的时间。

例如，你可以规定每个工作日的下午 6：00 ～ 7：00 是锻炼时间，7：00 ～ 8：00 是家庭晚餐时间，8：00 ～ 9：00 是个人阅读时间。同样，你可以规定周一和周二上午是深入工作时间，周三下午是团队会议时间，周五下午是个人发展时间。关键是要创造一个适合自己且能平衡各方面的时间表，使你"理想的一周"能够反映你的优先事项、个人抱负和实际情况。

你可能永远无法真正实施"理想的一周"计划，这就是我说的"理想"的意思。不可避免地，会有一些事情让你偏离正轨，不过这没关系。时间分块并不是要制定一个僵化的时间表，让你感到有压力；而是要提供一个规划，确保有专门的时间来做那些对你来说最重要的事情。

当你做到了这一点，"不确定性迷雾"就会消散许多，前路就会变得更清晰了。

小　结

- 我们没有正确理解拖延症。我们对待拖延症的态度往往是治疗其症状而不是找到根本的原因。而这些原因往往与我们的心情有关：心情不好时，我们的成就感就会降低。"消除障碍法"就是要找出真正阻碍你拥有好心情的原因，并找到消除它的方法。

- 第一个障碍是最简单的：不确定性。解决办法是什么？明确你正在做什么。这就需要问"为什么"，然后以此来确定"怎么做"。

- 接下来，要问"是什么"，这意味着要采用另一种新的方法来设定目标。忘掉 SMART 目标吧。你需要的是让你心情良好的 NICE 目标（近期的、输入型的、可控的、激发活力的目标）。

- 最后，要问"什么时间"。如果你不确定什么时间去做，那么你很可能就不会去做。解决方法之一是利用"执行意向"——让你的日常习惯成为你想做之事的触发点：例如，每当我刷牙的时候，我就会拉伸腿筋。

第 5 章

找 到 勇 气

亚历克斯·霍诺德（Alex Honnold）仅凭指尖之力，紧紧抓住岩石，而在他脚下数千英尺之处，优胜美地山谷葱郁的山坡上，他的朋友们正痛苦地注视着他。他试图攀登的酋长岩（El Capitan）高达 3 000 英尺，没有任何东西将他与岩壁相连。但他不能回头，尤其是在此刻。他唯一的选择就是继续向上攀登。

纪录片《徒手攀岩》（*Free Solo*）讲述了霍诺德打破纪录、尝试不使用绳索攀登酋长岩的故事，该片 2018 年上映后成为一部现象级作品。影片让我们反思一个我们所有人都曾问过的问题：为什么有些人敢于做我们大多数人做梦都不敢想的事情？

在这种情况下，答案可能与霍诺德独特的身体构造有关。他拥有一种其他人所没有的东西，或者说，他缺少其他人所拥有的一种东西。在一个场景中，纪录片摄制组跟随亚历克斯来到医生办公室，在那里医生给他做了核磁共振检查。他的医生解释说，与大多数人的大脑相比，亚历克斯大脑中有一个部分不太活跃，这一微小结构名为杏仁核。

杏仁核是"威胁探测器"，它负责产生那些有助于我们生存的情绪——比如恐惧。杏仁核有缺陷的人根本不会感到恐惧，无论是在公共场合演讲，还是走到马路中间，都不会感到恐惧。这也解释了为什么霍诺德能够在 3 000 英尺的高空紧紧抓住一块垂直的光滑岩石，而不会感到焦躁不安。

杏仁核的好处在于它能帮助我们生存。如果没有这部分大脑敦促我们避开老虎、蛇和高速行驶的车辆，人类可能不会存活这么久。坏消息是，杏仁核也会识别到那些我们感知到的虚幻的威胁。研究人员称之为"杏仁核劫持"。在这种情况下，即使我们的安全没有受到严重威胁，杏仁核也会促使我们躲避和逃跑。

"杏仁核劫持"构成了我们的第二大障碍：恐惧。当我们面临威胁到自身安全感的挑战时——比如与一群陌生人会面，接受一项马上就要到截止日期的任务，或者不得不通过一场重要的考试——杏仁核会将这种任务解释为一种威胁。即使我们的理智告诉我们，拖延任务会在未来造成更大的压力，但我们的大脑仍然会更关注消除当下的威胁。要达到这个目的，最简单的方法是什么呢？那就是：什么都不做。

你是否曾因为害怕遭到拒绝而在申请一份工作或一个晋升机会时犹豫不决？是否曾因为认识的人不多而推迟参加一个社交活动？或者因为担心自己不具备相关技能而没能成功启动一个创意项目？其实，这些情况的发生都是你的杏仁核在起作用。

✈ **阻碍你前行的不是缺乏天赋或灵感，而是恐惧。**

恐惧是另一种阻碍我们提高工作效率的负面情绪。它阻碍我们产生好心情激素，影响我们思考和解决问题的能力。面对恐惧，拖延是很自然的事。

如何解决呢？找到勇气，从而正视恐惧，承认恐惧，克服恐惧。

不过，别误解我的意思。本章的目标并不是帮助你神奇地"治愈"或"克服"焦虑和自我怀疑。除非你是亚历克斯·霍诺德，否则你可能永远无法完全消除恐惧。但是，通过培养面对恐惧和理解恐惧的勇气，我们可以克服情绪障碍，避免拖延。恐惧锁住了我们的能力，勇气就是那把解锁的钥匙。

认识恐惧

我花了七年时间才开始创业。

从 2010 年起，我就想开设一个 YouTube 账号。但是，每当我想要拍摄第一个视频时，即使我已经把它列入日程表并开始拍摄了，我还是会遇到一些阻力，让我无法付诸行动。起初，我以为是自己的完美主义在作祟。毕竟，我对自己的要求很高。我不想制作出一个糟糕透顶的视频。

但现在回想起来，我发现自己错了。我在很多事情上都是完美主义者，比如考试、交朋友、变魔术，但这并没有阻止我开始做这些事情。阻碍我的还有别的东西：恐惧。我害怕失败，害怕别人的评价，害怕自己能力不够。多年来，我脑海里的恐惧之音一直在对我说："这不可能成功""你还

没有足够的能力来实现它，又何必去尝试呢？"最后，直到
2017 年我才制作出第一个视频。

我花了将近十年时间才克服这种恐惧，也许最主要的原
因是我还没有理解恐惧。我无法用言语来解释是什么阻碍我
拍摄这些视频。我以为自己只是懒惰，或者对这件事不够投
入，而这又助长了我的自我怀疑和消极的自我对话。但是，
当我开始了解恐惧在我生活中扮演的角色后，我明白了，它
才是阻挡我实现理想的首要障碍。

🛩 **认识恐惧是克服恐惧的第一步。**

知识就是力量。认识恐惧是克服恐惧的第一步。如果处
理得当，我就不需要花七年时间才开始创业。

实验 1：情绪标注

2016 年，88 名蛛形纲动物恐惧症患者、几位科学家
和一只智利红毛狼蛛向我们很好地展示了认识恐惧的第一种
方法。

惊恐的志愿者们正排队迎接地球上最大的蜘蛛之一，他
们的心怦怦直跳，手心也出汗了。他们一个一个地走近这只

六英寸长的狼蛛，它那伸展的腿在容器壁上投下了不祥的阴影。最后，最惊心动魄的时刻到来了：他们需要伸出食指去触摸这只蜘蛛。

这些人可不是受虐狂。他们参加的是一项关于恐惧问题的突破性研究项目。他们要探索"说出自己的恐惧"所产生的神秘力量，是否能帮助我们克服恐惧。

在见到狼蛛之前，志愿者被分成了几个小组。在加州大学洛杉矶分校，几位设计实验的科学家给每个小组都事先传授了一些简单的应对策略。有些组被告知要分散注意力，或者以一种不那么消极的方式来看待狼蛛。但有一组被要求做一些更具体的事情：在面对狼蛛时标注自己的情绪，例如，"我很担心这只恶心的狼蛛会扑向我"。

研究结束时，所有小组都表示对这次经历感到痛苦。但有些组的情况要好于其他组。其中表现最好的一组是那些把自己的恐惧说出来的人，他们比别的组更容易接近狼蛛。他们报告说，他们感到恐惧逐渐消退，取而代之的是一种新发现的控制感。这种感觉在首次测试结束后维持了长达一周的时间。

这项研究为我们提供了一种强有力的方法，让我们看清恐惧的真相。我们的目标并不是让你的杏仁核完全停止工作（这会大大增加你被卡车撞上的概率），而是要意识到"杏仁核劫持"什么时候会发生。

这种方法被称为"情绪标注"。简单地说，就是把你的感受用语言表达出来，迫使你去识别和了解你的感受。这种方法有两种作用。首先，它能增强我们的自我意识。通过说出并承认自己的恐惧，我们可以培养更深层次的自我意识，帮助我们更好地了解自己的情绪模式。其次，它能让我们摆脱对恐惧的过度纠结。对恐惧的循环性思考会让我们更加确信恐惧的合理性。当我们标注自己的情绪时，我们就能更好地处理和释放它们——从而摆脱那些导致我们拖延的循环性思考。

问题是，标注我们的情绪并不总是那么容易。如果你和我一样，你可能会发现，有时甚至连找出那些可能阻碍你前进的恐惧和情绪都很困难。我们很善于为自己推迟行动找到"合理的"借口。

"我推迟创业不是因为害怕什么，我只是还没有找到合适的点子。""我写小说没有进展不是因为害怕，我只是没有时间而已。"

那么，我们怎样才能养成说出恐惧的习惯，从而学会处理恐惧呢？其中一个方法就是问自己几个问题。当你在拖延时，可以问自己："我在害怕什么呢？"我们内心的脆弱和不安全感往往是拖延问题的症结所在。要解决这些问题，我们必须首先找出这些问题。

接下来，再进一步问自己：这种恐惧来自哪里？是"我"的原因还是"他们"的原因？"我"的原因与你对自己能力的认识有关。例如，害怕自己能力不够或准备不够充分而无法开始。"他们"的原因与其他人对你所做事情的反应有关。例如，害怕别人不喜欢你的工作，或者害怕别人对你做的事评头论足。无论是哪种情况，你都要尝试弄清楚你到底在害怕什么，恐惧来自哪里。

如果你仍然难以冷静地理解自己的恐惧，该怎么办呢？我发现了一种很有用的策略，那就是把我正在经历的事情当成别人的故事来讲给自己听。"我当然不害怕，"我告诉自己。但是，假如我正在写一个虚构的故事，有一个像我一样的人，面临和我一样的情况，因为害怕什么东西而拖延这项任务。那么他害怕什么呢？有什么可怕的事可能会妨碍这个角色开始这项任务呢？

实验 2：身份标签

有时，我们会害怕一些非常具体的东西，比如开始一个项目或面对那只巨大的狼蛛。但有时，我们害怕的是一些更宽泛的东西：很难说是关于某个具体的问题，它更多的是关于我们更广泛的身份认同。我们给自己贴上标签，让自己心生畏惧，以至于不敢开始，比如"我不擅长跑步""我害怕数学""我不喜欢创造性的任务"。

这些身份标签让我们害怕付诸行动，其作用就像害怕具体的东西一样。早在 20 世纪 60 年代，心理学家霍华德·贝克尔（Howard Becker）就提出，社会给我们贴上的标签会深刻地影响我们的行为方式。当时，贝克尔关注的是犯罪情景下的标签：他发现，在首次犯罪后被贴上"罪犯"标签的人更有可能再次从事犯罪行为。

到 20 世纪 90 年代，一系列的研究表明，贴标签不仅会影响犯罪概率，也会影响一般的问题行为。从学校到青少年拘留中心，再到军队，被贴上负面标签的人更有可能重复问题行为。贝克尔的研究表明，我们给自己贴上的标签会影响我们的行为。

　　贝克尔将他的想法称为"标签理论"。这一理论表明，标签会成为一种自我实现预言。你可能也有过这样的经历。你有过一段糟糕的恋爱经历，就断定自己根本不擅长人际交往；在一次考试中不及格，你就给自己贴上永远学不好的标签；你错过了一次截止日期，就给自己贴上拖延症的标签。

　　好消息是，贴标签也可以起到另外一种作用。尽管负面标签会放大我们的恐惧，但正面标签能帮我们克服恐惧。

　　例如，当我自我怀疑时，我最喜欢给自己贴的标签是"终身学习者"。这个标签突出了我学习和成长的意愿。它也让我不再关注拖延的负面影响，比如羞愧和后悔，而是让我有信心向前迈进，继续学习。终身学习者就是要不断寻找新的方法来提高自己。终身学习者从来不会长期陷入拖延症的泥潭中。

　　你不妨也试试这种方法。当你发现自己在某项任务上拖延时，看看你使用的标签。你是否在这个问题上过度地为自己贴标签？你是否经常说"我是个长期拖延症患者"或者"我不能保证我一定能按时完成，我真的挺拖拉的"这样的话？有没有更积极的身份标签？比如，一个努力工作的人？曾经取得过很多成就的人？一个能按时完成任务的人？

　　这听起来只是个微小的改变，但事实并非如此。标签不仅是别人贴在我们身上的那种静止的标牌，还是帮助我们了解自己的工具。如果我们能改变给自己贴的标签，我们往往就能改变自己的行为。

减少恐惧

当彼得·迪利奥（Peter DeLeo）到达加利福尼亚州奥兰查的牧场小屋咖啡馆时，已经累得不成人样。他已经行走了9天。

从他的单引擎飞机在内华达山脉坠毁那天算起，已经过去近两周时间。坠机后，三名乘客全部奇迹般地存活，但只有迪利奥开始寻求帮助。伤痕累累的他离开飞机残骸，步行去求助。这非常难。飞机坠毁在海拔大约9 000英尺的山上，迪利奥不得不沿着山脉上被白雪覆盖的山脊徒步行走。最终，他从山脊上发现了下面的灯光，于是在黑暗中跌跌撞撞地走到公路上，招手拦下一辆路过的汽车。

到达咖啡馆后，迪利奥没有接受医疗救治。当务之急是让救援队去搜寻他的两名同伴。他登上飞机，带领搜索人员返回失事地点。但为时已晚——他的同伴们已经死了。

是什么让迪利奥在跋涉求救的途中活了下来，而他的两名同伴却在等待中丧生？这是生存心理学家约翰·利奇（John Leach）多年来一直试图回答的问题。"他死去的两名同伴在媒体上不过是被一笔带过，"利奇曾写道，"然而，其中一人在事故后仅有一点轻微的擦伤而已，那么他为什么会死呢？那里有可以制作栖身之所的材料，可以生火，有水可以喝，而且他也不可能在 11 天内饿死。"

利奇对人们在灾难中反应方式的研究揭示了关于人性的一个核心真理：害怕时，我们就会陷入瘫痪状态。在灾难中，受害者通常会表现出认知瘫痪，这意味着他们无法思考、做出决定或采取行动。

好消息是，我们可以减少认知瘫痪的影响。毕竟，不是每个人都会因恐惧而丧失能力。有些人，比如彼得·迪利奥，似乎能够把让人僵住的肾上腺素转化为更强大的力量：一种翻山越岭、寻求帮助、继续前进的能力。有了正确的方法，我们就能减少恐惧对我们的影响。

实验 3：10/10/10 法则

要想减少恐惧对我们的影响，我们首先需要具备一定的洞察力。

　　恐惧之所以会让人丧失能力，其中一个原因就是我们倾向于把挫折想得太糟糕。在我们的头脑中，一些小挫折的重要性被无限放大了。每一次潜在的失败都有可能毁掉我们的一生，让我们永远丧失信心。以下是一些例子：

- 你被自己喜欢的人拒绝了。结果，你断定自己不讨人喜欢，将孤独终老。
- 你被一份工作拒之门外。结果，你断定自己不可能被任何公司录用，最终将无法找到工作。
- 你未能通过第一次驾照考试。结果，你断定自己不是一个好司机，以后再也不开车了。

　　当发现自己像这样将挫折想得太糟糕时，不妨试着退后一步，从大局出发看待问题。有了正确的应对手段，我们就能意识到事情并不像看上去那么糟糕——这样，恐惧感也就不会那么强烈了。

　　这一过程的科学名称是"认知再评价"，即改变对某种情况的解释，从而使我们感觉更好。认知再评价的主要目的是改变我们对一个事件、一个想法或一种感觉的看法，让我们体验到更积极的情绪。

　　将"认知再评价"付诸实践的一个简单方法就是提醒自己，你现在感觉如此糟糕的事情，在未来可能不会那么重要。你可以通过问自己以下三个问题来实践这个方法，这三个问题综合起来就是我所说的"10/10/10 法则"（见图 5-1）。

10分钟后这
还重要吗？　　10周后这
还重要吗？　　10年后这
还重要吗？

图　5-1

　　让我们看看这个方法在前面的例子中是如何发挥作用的。

- **起因**：你被自己喜欢的人拒绝了。"10 分钟后这还重要吗？"我可能还是会有点沮丧，可能不想出现在那个人面前。"10 周后这还重要吗？"也许吧，但到那时我可能就不会那么难过了。这期间可能会发生很多事情。"10 年后这还重要吗？"可能完全不重要了，在这 10 年间，我会遇到很多人，他们可能已经彻底改变了我的生活。

- **起因**：你被一份工作拒之门外。"10 分钟后这还重要吗？"也许吧，我可能会在接下来的一天里情绪很低落。

"10 周后这还重要吗？"也许不会，因为到那时我还会申请很多其他工作。"10 年后这还重要吗？"肯定不重要了。成功之路并不总是一帆风顺，遭遇挫折是常态，我要学会把这件事看作一个小插曲。

- **起因：** 你未能通过第一次驾照考试。"10 分钟后这还重要吗？"也许吧，我得把这个消息告诉教练，然后应对一下这个小小的尴尬场面。"10 周后这还重要吗？"我已经预约了另一场考试，希望到时能通过。"10 年后这还重要吗？"肯定不重要了。我可能已经忘记了这件事带来的羞愧和尴尬。如果我还记得什么的话，也就是一件趣事而已。

10/10/10 法则帮助我们认识到自己所担心的问题到底有多严重。通常情况下，我们会发现，我们现在所担忧的失败并不会一直影响我们。同样，我们现在害怕的事情也不会一直那么重要。

实验 4：自信等式

当然，恐惧并不总是以"我的人生将永远毁掉了"这样戏剧性的形式呈现。我们所经历的恐惧中，有一些是那种淡淡的、令人烦恼的自我怀疑感，会妨碍我们实现目标——害怕自己能力不够。

我常常把这种自我怀疑形式视为一种生命暂停状态。我们被困在两个相互排斥的信念之间，左右为难。我们身体的一部分说"我真的很想做这件事"，但我们的另一部分却说"我不可能做到"。结果就是，我们不能动弹了。

例如，我拖延写作任务（这种情况经常发生），往往是因为我陷入两种信念之间的拉锯战。一方面，我真心渴望写这本书——我要创造一些美好的东西！我要帮助别人！而另一方面，我的脑海中又有一个声音在说"反正我写的东西都是垃圾，所以没必要写！"或者"我根本就不擅长写作，为什么还要尝试呢？"

当然，在某些情况下，怀疑有用，也有其合理性。比如，我对自己驾驶飞机或设计火箭的能力充满了怀疑。但大多数情况下，我们的怀疑并不那么理性。当自我怀疑导致拖延时，往往并不是因为真的有什么东西值得怀疑，而是源于一种认识：我认为自己的能力不足以完成任务。如果你喜欢数学符号，你可以这样写：

自信 = 认为自己具备的能力 – 认为自己所需的能力

如果我们认为自己具备的能力高于所需的能力，那么我们就会充满自信。如果我们认为自己具备的能力低于所需的能力，那么我们就会自我怀疑。

这一切对于减少自我怀疑的影响意味着什么呢？有了正确的方法，你就可以重新平衡自信等式，从而激发行动。我们在"权力"一章中谈到了如何增强自信，这些技巧对于消除自我怀疑也大有裨益。但是，即使像我这种自诩为生产力大师的人，也仍然每天都要与因自我怀疑而产生的拖延做斗争。在撰写本书的过程中，自我怀疑一直是我写作受阻的主要原因：有好几天（甚至好几周！）我都觉得自己根本完不成这件事。

在这种时候，建立自信可能不是最简单的办法。有信心当然很好，也确实会让你更容易开始一项任务。但如果你只是想敦促自己停止拖延，你可能需要一个更简单的办法。

我自己往往会用到一个简单的方法：不是奇迹般地克服信心不足的问题，而是将其淡化为无足轻重的小事。我最喜欢的方法非常简单，就是试着问问自己："我需要有多大的信心才能开始做这件事？我现在缺乏自信，我还能开始吗？"在大多数情况下，答案都是"可以的"。当然，如果让我去做神经外科手术，那我确实需要对自己的能力充满信心才能开始。但在现实生活中，对于那些我曾自我怀疑的日常事务，比如去健身房、管理公司、撰写这本书等，我其实并不需要等到对自己的能力充满信心才开始做这些事情。

📄 **开始行动吧。完美并不是一蹴而就的，它需要时间慢慢雕琢。**

这样我就能开始行动了，哪怕是一个不太成功的开始。我不需要像健美运动员施瓦辛格那样健硕，也能坚持锻炼一个小时。我的首次企业战略尝试也不必成就富有远见的商业传奇。我也绝对不需要让这本书在初稿状态就成为一部杰作。

当你在尝试新事物时，那种"非要等到自己觉得有把握才敢开始行动"的想法本身就是一个阻碍你行动的绊脚石。解决办法是什么？尽管去做，即使你觉得自己做得不好。

开始行动吧。完美并不是一蹴而就的，它需要时间慢慢雕琢。

战胜恐惧

当舞台灯光开始照亮全场时，阿黛尔意识到自己的手心已被汗水浸湿。

她要面对的是成千上万的人。虽然她以前经历过几次这样的情景，但这一次，她极度恐慌。在众多的观众面前演唱的恐惧感正在将她完全吞噬。

在成为全球知名演唱家之前，阿黛尔是一位才华横溢的艺术家，但她一直在努力克服对在公众面前演唱的恐惧。在她早期的一次演唱会上，当内心的焦虑和害怕就要威胁到她的事业时，她偶然发现了一个战胜恐惧的技巧，这个技巧永远地改变了她的生活。

阿黛尔的灵感来自碧昂斯。2008 年，碧昂斯以她的"第二自我"（Sasha Fierce）命名了她的第三张录音室专辑。碧昂斯说，Sasha Fierce 是她在舞台上塑造的一个角色，能让她变得更自信、更强大、更无拘无束。"Sasha Fierce 是我在工作和舞台上展现出的更有趣、更感性、更强势、更直率和更迷人的一面。"她说。

受碧昂斯的启发，阿黛尔创造了自己的"第二自我"：Sasha Carter。它是 Sasha Fierce 和传奇乡村歌手琼·卡特（June Carter）的组合。Sasha Carter 代表了阿黛尔在舞台上所向往的形象：无所畏惧、毫无保留、大胆自信。通过扮演 Sasha Carter，她从心理上远离了恐惧，变得自信而强大，成了她梦寐以求想要成为的演唱家。

阿黛尔的"第二自我"向我们揭示了最后一个方法，让我们摆脱恐惧引发的无能感。害怕被看见是我们拖延的常见原因之一。无论是做演讲、在互联网上与陌生人分享自己制作的新视频，还是参加一个可能有不认识的人参加的聚会，害怕被人看到或"发现"自己的真实面目，这种恐惧心理会阻止我们走出自己的舒适区，阻碍我们成长进步。

但是，我们担心别人会注意到我们身上的东西——我们所犯的错误、小小的失误、最糟糕的品质——但通常，我们并不会注意到别人身上的这些东西。当我们审视自己时，我们似乎会过度放大这些东西，认为它们比实际情况更为严重。

这就需要用到最后一个方法来克服恐惧带来的影响。在本章中，我们已经讨论了如何认识恐惧，并减少恐惧对我们的影响。但对于最艰巨的任务，这些方法可能还不够。我们无法根除所有的恐惧，我们需要战胜它。

这意味着要想办法把恐惧转化为勇气。首先要改变你生命中最重要的人对你的看法：你自己。

实验 5：关闭聚光灯

对我来说，认识到这一点始于在我朋友杰克家的一次晚宴。

星期六晚上，杰克家热闹非凡，房间里充满了欢声笑语。杰克筹划这个派对已经好几个星期了。这是件很重要的事。餐桌旁的每个人都知道，他每天都靠 Uber 外卖生活。为他的朋友们准备自助餐可是第一次。

我想，这是个开冷笑话的好机会。杰克上菜的时候，我急切地等待着谈话的间隙，当餐桌上堆满了一盘盘十分壮观的菜肴时，我终于找到一个机会。"谢谢你在 Uber 外卖上订了这么多美味佳肴啊，杰克。"我说。

饭桌上沉默了一会儿。然后是更长时间的沉默。没有人笑出来，只听到刀叉与盘子的碰撞声。我的脸涨得通红，我突然感到一阵燥热。事情进展得并不顺利。我的笑话一点也不好笑，更糟糕的是，我可能冒犯了在厨房里忙活了几个小时的主人。

那天晚上晚些时候，我还沉浸在尴尬之中。我有点儿恐慌地问我的朋友凯瑟琳，我当时是不是彻底丢掉了脸面？我是不是一下子疏远了所有的朋友？以后还会有人请我吃饭吗？她惊讶地看着我。她甚至没有意识到我说了一个笑话。
"我正忙着吃饭呢，"她说，"他的厨艺特别好，是不是？"

我假想的一次失礼行为给我深深地上了一课。我高估了别人对我行为的关注和评判程度。更晚一些的时候，我环顾整个房间，意识到并没有人在关注我的一举一动。每个人都在忙着自己的事情，或者在一起谈笑风生。

当时我陷入了一种有趣的现象，叫"聚光灯效应"。我们高度关注别人对我们的看法。这是有原因的——作为社会生物，我们的杏仁核总是在寻找对我们的地位构成威胁的事。这意味着，我们一生都相信有一盏聚光灯一直在对着我们，周围的每个人都在不停地盯着我们，分析我们的行为，评判我们作为人的价值。

在 21 世纪初发表的一系列论文中，心理学教授托马·吉洛维奇（Thomas Gilovich）和他的合作者一再证明，人有一种显著的倾向，即高估他人对自己的看法或评价。"人们经常为别人如何看待自己的行为和外表上的微小细节而感到焦虑，"他写道，"其实有些焦虑是没有必要的。我们的观众很可能会忽略我们的外表或行为中的许多细节，而我们却那么看重他们的看法。"

事实上，每个人最关心的都是自己以及自己的形象，不会花太多时间（如果有的话）考虑别人的问题。

这说明，只要简单地提醒自己，没有人在乎，聚光灯效应就会减弱。当你因为恐惧而不敢行动时，这一点能从很大程度上解放你。

- 没有人在乎我的前几个 YouTube 视频是不是非常糟糕而且令人讨厌。
- 没有人在乎我的博客文章是否因为我的写作经验不足而显得有点啰唆。
- 没有人在乎在这个萨尔萨舞蹈班上我是一个没有舞伴的初学者。
- 没有人在乎我参加派对时系的腰带与穿的鞋子是否相配。

"没有人在乎"的心态可以彻底改变一切。这是我发现的一个最简单的方法，可以用来减少与焦虑有关的拖延症。

记住，这不是什么灵丹妙药。应对恐惧是一项终身事业，我也并不期望你读完这本书，就完全不害怕别人如何看待你和你的作品了。

但是，一定程度的恐惧也有其益处。过度恐惧会让我们丧失能力。了解聚光灯效应意味着你可以立即开始写作了。除了你自己，没有人在乎你初次写下的东西是否很垃圾。

实验 6：蝙蝠侠效应

有时，仅仅记住"没有人在乎"还不足以克服我们对当众出丑的恐惧。当阿黛尔走上那个舞台时，她可能吓坏了，因为坦率地说，确实有很多人在乎她。

在这种时候，我们可以借鉴 Sasha Carter 的做法。阿黛尔进入"第二自我"的方法可以成为克服恐惧的有力工具。它还有一个有趣的学名："蝙蝠侠效应"。

"蝙蝠侠效应"最初是由宾夕法尼亚大学瑞秋·怀特（Rachel White）教授带领的一个研究小组发现的。怀特和她的团队想知道，采用"第二自我"这一方法是否能改善儿童对待任务的态度。他们设计了一项研究，让 4 到 6 岁的儿童参与其中。研究人员给孩子们布置了一项任务，要求他们集中注意力完成任务，并抵制住诱惑，不去参加身边一些更有趣的活动。

孩子们被分成了三组。第一组没有得到任何具体的指导。第二组被要求反思自己的感受和想法。第三组则被要求把自己想象成超级英雄或他们崇拜的其他角色，如蝙蝠侠或爱探险的朵拉。然后，在孩子们尝试完成任务的过程中，研究人员对他们进行观察。

这些研究人员发现了一个有趣的现象。那组被要求把自己想象成超级英雄或其他角色的孩子在自控力、专注力和毅力方面的表现明显优于其他两组孩子。

这一发现凸显了"蝙蝠侠效应"的潜力，它可以成为一个有力的工具，帮助我们克服对失败的恐惧，进而克服拖延症。当我们表现出一个无所畏惧、自信满满的"第二自我"时，我们就能挖掘出我们平时可能没有感觉到的勇气和决心。

多年来，我一直在利用"蝙蝠侠效应"来克服自己的不安全感。我发现，在做公众演讲时，这种方法特别好用。我经常被不安全感和自我怀疑所困扰，尽管我已经拥有多年的讲课和演讲经验，但有时还是会感到害怕，害怕把自己暴露在公众面前。在这种情况下，我的"第二自我"就是詹姆斯·麦卡沃伊（James McAvoy）扮演的《X战警》系列中年轻的查尔斯·泽维尔（Charles Xavier，又名X教授）。

当我戴上假眼镜时，就会触发我进入查尔斯·泽维尔身份的生理反应。这就是为什么即使我已经做了激光眼科手术，在很多公共场合我仍然戴着眼镜：眼镜帮助我塑造一个专业、知性的"第二自我"，我需要用它来克服演讲时我经常出现的"骗子综合征"。

你不必成为《Ｘ战警》的狂热粉丝，也可以使用这种方法来消除自己的恐惧。想一想你因为自我怀疑而一直拖延的事情：培养一个新的爱好，或者开始一项副业。现在，找出一个在这方面应付自如的"第二自我"。谁体现了你想拥有的品质，比如自信、勇敢、果断，甚至（恕我直言）守纪律？

接下来，走进你的"第二自我"。找一个能让你独处的安静空间，花一点时间想象自己变成另一个"你"。想象自己模仿他们的姿势、声音和心态。练习得越多，当你需要克服恐惧或拖延症时，就越容易产生"蝙蝠侠效应"。

最后，我发现创造一句咒语或肯定句很有帮助：用一个简短而有力的短语，代表你的"第二自我"的心态。当你需要勇气或动力时，就对自己重复这句咒语，比如：

我自信。

我无所畏惧。

我所向披靡。

这些咒语可能听起来很老套，但却非常有效，它们提醒我们，我们（或者我们的"第二自我"）拥有我们难以想象的力量储备。

小　结

- 我们的第二个情绪障碍更为棘手：恐惧。如果你曾经推迟过一份绝佳的工作申请或者与一个你喜欢的人约会，那么你肯定遇到了这个特别的"怪物"。不过，解决的办法并不是消除恐惧，而是培养直面恐惧的勇气。

- 这种勇气来自三个方面。第一是认识自己的恐惧。问问自己：为什么我还没有开始那项任务或项目？我在害怕什么？这种恐惧来自哪里？

- 第二是减少恐惧。我们的恐惧往往被夸大了。问自己以下问题能防止自己陷入灾难化的思维困境：10 分钟后这还重要吗？10 周后这还重要吗？10 年后这还重要吗？

- 第三是战胜恐惧。如果你害怕别人的看法，请提醒自己，事实上大多数人并不那么在乎你。我们人类是一个有自我意识的物种，但我们通常不是一个爱评判的物种。

第 6 章

开 始 起 步

　　1684 年，艾萨克·牛顿开始了他最艰巨的工作。在接下来的 18 个月里，他通宵达旦地工作，常常废寝忘食，只为完成他的巨著：《自然哲学的数学原理》。

　　1687 年 7 月，《自然哲学的数学原理》一书出版了。这是解释物体如何在空间运动的首次科学尝试。它的核心是一个简单的观察结果，可以精辟地概括为牛顿第一运动定律，也就是人们常说的惯性定律："静止的物体保持静止，运动的物体保持运动，除非受到外部非平衡力的作用。"

　　换句话说，如果一个物体是静止的，它就会保持静止；如果一个物体是运动的，它就会继续运动，除非有其他力

（如重力或空气阻力）阻止它运动。

40 年后牛顿去世，他同时代的许多人都意识到，《自然哲学的数学原理》是一部了不起的作品，是描述自然宇宙物理特性的最伟大尝试。他们可能没有意识到的是，牛顿第一定律也描述了人类行为的重要特点。事实上，惯性定律既适用于物理学，也适用于生产力科学。

到目前为止，我们已经遇到了两个主要的阻碍因素，它们会让我们感觉更糟，拖延更久：一是不确定性，它让我们感到困惑，不知道需要做什么来开始工作；二是恐惧，它让我们焦虑，从而无法开始行动。但我们的第三个障碍可能是最棘手的：惯性。这也是最后一个障碍。

正如牛顿所认识到的，起步所需的能量远远大于坚持下去所需的能量。当你无所事事时，继续无所事事会很容易；而当你投入工作时，继续工作下去也会容易得多。当你觉得已经尝试了一切方法来激励自己，但仍然在拖延时，你需要找到最后一个推力，以促使你开始工作。

惯性让我们的情感世界变得平淡无奇，让我们感到无助和困顿，让我们失去好心情。但惯性是可以克服的。我喜欢用马路上的斜坡来思考惯性原理。想象一下，你正准备骑车下坡。你戴好了头盔，给齿轮上好了油，迫不及待地要出发了。只有一个问题，在下坡之前，你需要先骑车上坡。你需要一股强大的能量才能跨越这个斜坡，而爆发出这种能量可能并不是一件令人愉悦的事情。

但是，一旦你克服了这一困难，你就可以骑车下坡了，风吹拂着你的头发，你感觉好极了，然后滑行着回家（见图6-1）。

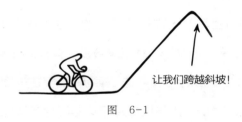

让我们跨越斜坡!

图　6-1

减少摩擦

那么，我们怎样才能跨越这个斜坡呢？第一种方法是审视我们周围的环境，尝试找出是什么让我们如此难以起步。你可能会发现，对你所处的环境做一些小小的调整，就能让一切变得不同。为了理解我的意思，我们可以参考马林·惠廷科（Marlijn Huitink）的研究成果，她曾负责一个关于蔬菜购买心理学的荷兰研究项目。

惠廷科和她的团队接受了一家连锁超市和几家公共机构的委托，寻找低成本的方法来改善人们的健康状况。为此，他们开发了一种简单的方法来探索环境如何影响我们的购物决策。在一周中的某些日子（实验日），研究人员在购物车中添加了一个绿色镶嵌物，覆盖了购物车底部的一半。绿色镶嵌物表示这是放置蔬菜的地方。镶嵌物上还印有一些提示，告知人们超市里其他人购买蔬菜时的做法。一条提示写道："这家超市最受欢迎的 3 种蔬菜是黄瓜、鳄梨和甜椒。"另一条写道："大多数顾客至少挑选 7 种蔬菜。"在一周中的其他日子（对照日），研究人员则去掉了这些绿色镶嵌物。

研究人员想测试一下，对我们的环境进行微小的，而且最重要的是成本低廉的调整（比如在购物车中加上绿色镶嵌物和提示信息），是否会改变购物者的行为。结果确实如此。在有绿色镶嵌物的日子里，购物者平均比没有绿色镶嵌物的日子多购买了 50% 以上的蔬菜。

我们认为这些改变降低了开始一项任务所需的能量，消除了我们与所追求目标之间的摩擦。如果不断有人提醒你去买蔬菜，那么你记住要买蔬菜这件事所需的能量会大大降低。如果有人告诉你哪些蔬菜是你所在社区最受欢迎的，那么你选择购买那些蔬菜时所需的能量也会大大降低。

实验 1：减少环境摩擦力

我们所处的物理环境产生的摩擦力是拖慢我们行动的第一个原因。即使我们知道确实应该去做某件事情，我们也常常发现身边的物理环境为我们的行动制造了不必要的困难。

早在 2018 年，我全职从事医生工作时，就想努力养成晚上练吉他的习惯。我偶尔会想："我应该练练吉他了。"但最后我总是把这事一拖再拖。我总是坐在客厅沙发上，用手机浏览社交媒体或者看电视。我的吉他藏在房间角落的一个书架后面，所以我几乎从未见过它。直到我读了詹姆斯·克利尔（James Clear）的《原子习惯》（*Atomic Habits*）一书，我才学到一个简单的解决办法：把吉他放在客厅中间。突然间，拿起吉他变得容易多了。

我们可以把诸如此类的行动，或者像荷兰蔬菜购买案例之类的做法，看作是对环境进行改造。我们的目标是：减少摩擦力，从而更容易上手。

我们需要特别关注行为科学家所说的默认选项。默认选项就是在没有主动选择的情况下，自动产生的结果。在荷兰蔬菜购买案例中，为新鲜蔬菜制作的绿色镶嵌物使购买蔬菜成为默认选项：你不需要费什么脑筋就能在购物车中装满新鲜蔬菜。

　　如何把默认选项应用到实践中呢？诀窍就是改变你的环境，让你想做的事情成为最容易的默认选项。反过来，让你不想做的事情成为更困难的选项。举几个例子来说明。

- 练习吉他：把吉他架搬到客厅，它就成了默认选项。现在，只要你休息十分钟，最容易的选项就是不假思索地拿起吉他。
- 努力集中注意力：将学习或工作资料整理好，放在显眼的位置，例如，将笔记本放在电脑旁边，会让学习成为默认选项。现在，最容易的选项就是在办公桌前随时开始复习。
- 减少手机使用：关闭通知功能，让拿起手机不再成为默认选项。现在最容易的选项是不查看手机。

实验 2：减少情绪摩擦力

　　当然，你难以开始一项工作，这背后的原因不仅仅是环境因素，还包括你的情绪。在这本书中，我们已经讨论过很多阻碍我们开始工作的情绪——对所做之事的不确定，对任务的恐惧等，这些情绪障碍通常令人感到压力巨大。但是，还有一个看上去更平淡无奇的障碍。在我的祖国英国，它通常被称作 CBA，或者"没心情"（can't be arsed）。

据我所知，在美式英语中还没有与之相对应的短语能如此精辟地表达这种情绪。很遗憾，因为这是一种非常普遍的情绪。我没心情写我的论文，我没心情学吉他，我真的真的没心情写我的书。

"没心情"是阻碍你开始一项工作的最常见，也是最让人无力的一个因素。但是，我们可以利用一个非常古老而智慧的生产力秘诀来轻松地解决这个问题："5 分钟法则"。

"5 分钟法则"是一个简单而有力的方法，它鼓励你在某项任务上只投入 5 分钟时间。这条规则背后的理念是，迈出第一步往往是所有任务中最难的部分。在这 5 分钟里，你要全神贯注于你所逃避的事情。5 分钟一到，你就可以决定是继续所做的事还是休息一下。

根据我的经验，"5 分钟法则"非常有效。通常情况下，仅仅想象自己在那件拖延已久的事情上投入 5 分钟时间，并不像真正投入去做这件事那么可怕。尤其是当我们在意识里把"投入"看成"一辈子都要做这件事"的时候。

在大约 80% 的情况下，在这 5 分钟结束后，我还会继续工作。一旦我开始处理手中的文件，随着电影《指环王》的配乐弦乐四重奏 *Concerning Hobbits* 的节拍点着头，我就会发现自己已经开始乐在其中——或者至少觉得这个工作并不像我想象的那么糟。

不过，最重要的是，不要强迫自己继续工作，否则"5分钟法则"就会名不副实。因此，在剩下的大约 20% 的情况下，我真的会让自己在 5 分钟后停下来。是的，这可能意味着我会推迟到晚些时候再完成退税申请。不过，嘿，至少我已经取得了 5 分钟的进展。

事实上，允许自己停下来，说明我并没有完全欺骗自己。如果我事先告诉自己只做 5 分钟，然后 5 分钟结束后又觉得必须继续做，那么"5 分钟法则"就失去了它的魔力。

采取行动

马特·莫查里（Matt Mochary）的客户名单堪称硅谷名人录。投资公司 Y Combinator 的管理合伙人和 OpenAI

等行业巨头的首席执行官们纷纷向他寻求如何发挥自身潜力的建议。Reddit 贴吧的首席执行官史蒂夫·赫夫曼（Steve Huffman）认为，莫查里为他的公司增值了 10 亿美元。

　　尽管我已经拥有自己的商业教练好几年了，但我一直想知道，莫查里的教练课程（我怀疑价格会贵得离谱）是什么样子。他是如何在短短几节课内为公司增值 10 亿美元的？在这些课上，他能提供什么神奇的、革命性的建议？

　　我以为答案一定会是某个重大、有启迪性的秘密。因此，当我听完他与我最喜爱的播客主持人蒂姆·费里斯（Tim Ferriss）的一次坦诚的访谈后，我感觉有点激动不起来。"很多人问我：'马特，你有什么独特之处？'我很难回答这个问题，因为我觉得我做的事情非常简单……在结束谈话之前，我们会确保你至少有一个、两个或三个要采取的行动。"

　　"就这么简单？"我思索道。光是想出"一个、两个或三个要采取的行动"真的就能扭转商业局面吗？随后，我反思了自己的生活。很多时候，我之所以很难开始做一件事情，是因为我当下缺少一套简单而清晰的行动步骤。所以我没有行动，从而导致了拖延。

　　莫查里将他的原则称为"偏向行动"。他认识到，与客户共度的时间非常宝贵（对他和客户而言都是如此），仅进行一些深入的思考而不将其转化为可操作的行动步骤，那就是在浪费时间。我们需要明确、具体的步骤，而不是遥不可及、抽象的目标。否则，我们可能什么也做不了。

"偏向行动"是克服惯性的第二种方法。我们刚刚讨论过如何减少开始行动所需的能量，但现在你需要迈出实际行动的第一步。为了明确第一步是什么，我们可以参考蒂姆·派希尔（Tim Pychyl）博士的研究。

实验 3：确定第一个行动步骤

蒂姆·派希尔比任何人都更了解拖延症。在 20 年的时间里，他发表了二十多篇关于拖延症的论文。他所领导的加拿大卡尔顿大学拖延症研究小组，在研究拖延症原因方面，可以说拥有全球最具影响力的科学见解。这些研究也影响了他本人。"我几乎从不拖延，"他告诉我，"我一直在强调：一旦你了解一些关于拖延的知识，只要你愿意，你就能减少拖延。"

"有什么诀窍吗？"我问他，"为了帮助人们克服拖延症，你给他们的建议是什么？"他的回答出人意料。派希尔告诉我，每当他发现自己在拖延一件事情时，他都会简单地问自己："第一个行动步骤是什么？"例如，当他发现自己拖延着不去做瑜伽时，他的第一个行动步骤就是铺开瑜伽垫，然后站在上面。就是这么简单。

这种方法听起来似乎过于简单，但却行之有效。派希尔的方法就是将抽象的"偏向行动"转化为具体的行动。

想一想在以下几种不同的情况下，你的第一个行动步骤可能是什么。

- 如果在拖延复习备考，你的第一个行动步骤就是拿出课本，翻到你要开始复习的那一页。
- 如果你在拖延去健身房，你的第一个行动步骤就是换上你的健身装备。
- 如果你在拖延写书，你的第一个行动步骤就是打开笔记本电脑，打开谷歌文档。

在每一种情况下，这种方法都能让我们从望而生畏的宏大长期目标（比如写一本书）上移开视线，将注意力集中到更容易实现的目标（写下几个词）上。正如派希尔所描述的那样，允许有"一点儿自我欺骗"，将有助于平复我们的紧张情绪。最终，你还是要参加考试、上跑步机、写书。但现在你不必担心这些。

实验 4：追踪你的进度

作为世界上作品最畅销的奇幻小说家之一，布兰登·桑德森（Brandon Sanderson）看起来并不像一个遭遇过写作瓶颈的人。他从小酷爱阅读，上中学时就开始创作自己的奇幻故事。他一路笔耕不辍。到 2003 年，桑德森已经写了12 部小说（大部分是在酒店前台值夜班时完成的），之后他获得了第一份出版合约。此后，他出版了超过 16 部长篇小说、10 部短篇小说和 3 部漫画小说。

因此，得知桑德森实际上也经常遇到写作瓶颈时，我感到有些惊讶。"对我来说，写作瓶颈是指我写了几章，故事还没写完，或者我写到中间某处，有一章写不下去了。"他反思道。在这种情况下，停止写作的冲动会变得无法遏制。

他是怎么克服的呢？他知道，最糟糕的做法就是停止写作，等到自己又开始有感觉了再写——这样只会让他再也写不出任何东西。相反，他追踪自己的写作进度。无论是否遇到写作瓶颈，桑德森都会追踪自己写下的字数，每天不写到

2 000 字决不罢休。他会密切关注自己的字数,从 2 000 字上升到 4 000 字,再到 6 000 字,甚至更多。

布兰登·桑德森的一本奇幻小说可能长达 40 万字。然而,通过专注于向目标不停地迈进,桑德森让这一过程变得轻松自如。结果是:他总是在自己承诺的时间推出自己的小说,在世界各地也拥有了数百万忠实的粉丝。

进度追踪可以产生深远的影响。2016 年,研究人员综合了 138 项研究,涉及近 2 万名参与者,对进度追踪的效果进行了元分析。他们发现,无论是通过写下进度目标(比如是否完成了你的训练目标),还是通过写下产出目标(比如你跑 5 公里所用的时间)来追踪进度,都会大大增加你真正实现目标的概率。

为什么呢?首先,因为追踪进度可以帮助你发现自己在哪些方面落后了,或者你需要在哪些方面做出调整。通过监测进度,你可以找出可能阻碍你取得进步的模式、习惯或障碍。在本书的写作过程中,我逐渐意识到我需要调整自己的截稿日期,因为有些章节很容易就能达到字数目标,而有些章节就不那么容易达到。其次,追踪进度可以帮助你庆祝自己取得的大大小小的胜利。例如,每当我又完成了 8 000

字，我都会给自己一个奖励：去伦敦我最喜欢的印度餐厅
Dishoom 大吃一顿。

最重要的是，追踪进度可以为你提供切实的证据，证明
你正在朝着目标前进。我看着自己的字数不断增加，知道自
己离完成一部手稿的目标越来越近了。这种进步感帮助我保
持足够的干劲儿，让我更加坚定地走下去。我的动力得到了
空前的提升。

**✈ 追踪进度可以为你提供切实的证据，证明你正在朝
着目标前进。**

进度追踪不仅仅适用于写书这件事，事实上，我们可以
在生活的方方面面追踪进度。

如果你渴望拥有更健康的体魄，你可以记录锻炼日志，
写下你所做的运动类型、运动时间以及运动中的感受。这将
有助于你了解自己的力量和耐力是如何随着时间的推移而逐
步提高的。

如果你正在学习一项新技能，那么不妨通过写学习日记
来追踪自己的学习进度，写下你正在学习的内容、遇到的任
何问题、取得的任何突破或经历的那些"顿悟"瞬间。这不

仅能提升你的动力，还能帮助你更好地了解自己仍需努力的
方向。

如果你正在复习考试，你可以通过在各模块对应的条
形图上涂色来追踪你的进度，了解自己已经学习了多少个模
块，这样你就能知道自己在完成复习的道路上走了多远。这
个做法会提醒你，无论这个任务看起来多么艰巨，你始终在
朝着正确的方向前进。

支持自己

读到这儿，你可能已经注意到，我对惯性的建议多是未
雨绸缪。对于如何在刚起步阶段克服拖延症，我分享了很多
见解，比如迈出第一步或者减少"摩擦力"。但是，对于如
何长期克服拖延症，我给出的见解要少得多。

我理解这种情况。我曾花费生命中大部分时间为一个项
目开了个好头，满以为自己已经克服了惯性问题，后来却很
快失去了动力。以这本书为例，在写作的头两个月，我写了
3 万字；但在接下来的 12 个月里，我只写了 1 万字。

正因如此，克服惯性的终极解决之道不在于如何开始，

而在于如何应对后来出现的拖延问题：这时，你从一切顺利变成了一无所获。在这种情况下，你需要找到另一种方法来保持动力。

解决办法就是学会支持自己。这听起来或许有些笼统，但在解决拖延症的问题上，它有着非常明确的含义。你需要在实现目标的过程中找到激励自己的方法。最重要的是，要在整个过程中对自己负责。让我们从一个简单但却非常有效的方法开始：找到一位责任伙伴。

实验 5：找到一位责任伙伴

Reddit 贴吧的论坛栏目 r/GetMotivatedBuddies 有超过 17.9 万名成员，他们都希望"在健康与健身、学习、工作以及养成健康生活习惯方面，找到责任伙伴"。这个论坛将伙伴们联系在一起，他们鼓励彼此去健身房、学吉他、复习备考、学习编程、按时睡觉、给妈妈打电话。

所有这些人都意识到人类动机有一个有趣的特点：单打独斗地开始一项工作，其难度要远远大于与人携手同行。当我们找到一个能促使我们负起责任的伙伴时，我们就更有可能克服惯性。

　　从某种程度上说，这是因为"人"具有提升能量的作用（我们在第3章讨论过）。"人"会让我们心情良好，激发我们行动的欲望。有朋友相伴，生活会更美好。

　　但是，责任伙伴还有另一个更强大的作用。他们将我们的责任感变成一种武器。人类是社会性动物，我们会竭尽全力不让彼此失望。当你独自一人时，你可能会逃掉一节健身课，但若是你的朋友一大早就等在你的公寓外面，不耐烦地看着自己的手表时，你就很难逃课了。

　　责任伙伴关系就是一种机制，它能将这种基本的社会事实转化为一种正式的制度。你和另一个人相互约定，在约定的时间对约定的任务进行相互监督，督促彼此承担责任。例如你的健身伙伴可能在早上6点敲你的窗，或者是朋友在规定时间给你打电话，确认你是否真的在复习。也可能是有人来你家检查你是否学会了之前提到的那首吉他曲，你曾答应过一定要花一周时间练习它。无论哪种情况，你都是在利用你的社会责任感来克服惯性。

　　建立这种责任伙伴关系的最佳方式是什么？我通常把这个过程分为三个阶段。首先，找到你的伙伴。理想情况下，你的伙伴应该与你有共同的目标——也就是说，让你的朋友来做责任伙伴是一个很好的起点。不过，最好的伙伴往往是与你有着共同目标的陌生人。当你和一个与你有着同样雄心壮志的人结成对子，每周去三次健身房或学习弹吉他时，你不仅找到了一个能督促你负责的人，还找到了一个理解你的苦恼、欣赏你的成功的人。在这个过程中，你甚至可能交到一个新朋友。

好伙伴找到了，接下来就是商定你们想要创建的问责文化。一个锲而不舍的伙伴和一个令人恼火的伙伴之间的区别非常微妙。因此，你们需要商定一些基本规则。什么是积极的问责方式？你们之间需要多频繁地联系彼此？对方怎样才能最好地帮助你？我发现，最好的责任伙伴符合五个标准：守纪律（他们必须信守约定）、能挑战（他们知道如何帮助你提升一个层次）、有耐心（他们不会匆忙下结论，也不会催促你做决定）、会支持（他们会鼓励你）并具有建设性（他们知道如何给你诚实的反馈和建设性的批评）。

最后，再详细讨论一下问责的过程。你的伙伴如何督促你承担责任，你又如何督促他承担责任？你们具体要做什么，什么时间做？对有些人来说，问责可能意味着每周见面一到两次，检查执行情况。或者是每天通过短信或视频了解你的项目进展情况。也可能只是每月安排一次咖啡会议，看看哪些方面进展顺利，哪些方面进展不顺利。你们实际做什么并不重要，重要的是你们同意始终如一地按照约定的时间去做。

如果方法得当，责任伙伴就可以利用温和的同伴压力产生强大的效果。现在，你有了一个能与你分享胜利的喜悦、分担痛苦的人。这样，你就真的会按照自己承诺的时间起床了。

实验 6：原谅自己

2010 年，卡尔顿大学的心理学家迈克尔·沃尔（Michael Wohl）注意到，他的一年级学生中存在着一种常见的现象：他们喜欢拖延。

尽管渥太华是出了名的"沉闷至极"（也许这种评判有失偏颇），但沃尔的本科生们却发现，在这座城市里除了学习之外，他们还有数以百万计的活动可参加：去酒吧、参加社团、在一款名为"推特"的新兴应用上发帖。虽然他们不懂心理学，但他们懂得如何拖延学习心理学。

沃尔认为，拖延本身并不是问题所在。问题在于自责。

沃尔意识到，学生们之所以陷入学习效率低下的恶性循环，是因为他们的自责行为。每当他们没有完成预定的学习任务时，他们都会花上好几天时间告诉自己，他们是坏学生。这种羞耻感让他们以后更不愿意学习了。

沃尔决定验证这样一个假设：自责是比拖延症更严重的问题。在期中考试前，他让学生们针对自己在多大程度上能够原谅自己不学习的行为进行评分。自我原谅程度高的学生会不会比那些总是纠结于失败的学生成绩更好呢？

结果显而易见。正如沃尔所猜测的那样，那些表示能够原谅自己不学习的学生，学习效率要高得多。自我原谅让学生们放下了拖延产生的内疚和羞耻感。他们可以"放过自己的不良行为，专注于即将到来的考试，而不为过去的行为所累"。沃尔的文章名为"我原谅了自己，现在我可以学习了"。

沃尔偶然发现了惯性阻碍我们前进的最后一种方式。当我们无法在一项任务中保持动力时，我们往往会责备自己，但这对谁都无益，它只会让事情变得更糟。惯性让我们产生自我厌恶感，而这种自我厌恶感让我们更不可能做任何有意义的事情。

有没有办法打破这种恶性循环呢？正如沃尔和他的同事们所发现的那样，原谅自己是一条出路。但怎么做呢？也许我最喜欢的方法是我称之为"寻找胜利"的方法。它包括庆祝一些事情，无论它多么微小，无论它与你的工作多么不相关。我喜欢这种方式："我没有做 X，但我做了 Y。"例如：

- 我今天没有去晨练，但我在床上多睡了一个小时，感觉比平时更精神了。
- 我没有完成报告的最后一部分，但这是有原因的，我在员工厨房和一位同事聊天，我们聊得很开心。
- 我今天没有完成工作申请，不过我终于花了些时间陪奶奶，今天算是胜利了。

✒ **与其专注于微小的损失，不如庆祝微小的成功。**

拖延症并不总是我们能控制的。我们能控制的是原谅自己。与其专注于微小的损失，不如庆祝微小的成功。通过接受和原谅我们不可避免的拖延倾向，并庆祝那些微小的成功，我们就会开始摆脱拖延症对我们的控制。

小　结

- 第三个障碍是最常见的：惯性。当你什么都不做时，很容易继续什么都不做。而当你在工作时，继续工作就容易多了。

- 有一些简单的方法可以克服惯性。找到生活中的摩擦力：哪些障碍正在阻碍着你开始新的生活？如何消除它们？

- 无所事事的最佳解药就是行动起来。你可以先确定第一个行动步骤从而让自己开始行动，然后追踪进展情况，这样你就会有许多实实在在的证据，证明你正朝着目标前进。

- 最后一步是最仁慈的：创建能够帮助你长期支持自己的系统。最重要的是要学会放自己一马，并庆祝那些微小的成功。

第三部分

长 期 保 持

Sustain

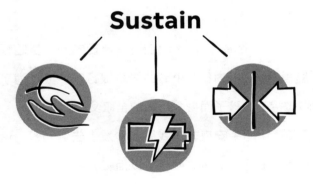

第 7 章

保 存 能 量

说到"职业倦怠",人们脑海中浮现的是在曼哈顿的高楼大厦里每天工作 18 个小时的投资银行家，或是为了养活 5 个嗷嗷待哺的孩子而身兼七职的全职父母。

2020 年的平安夜，当我趴在沙发上告诉妈妈，这个工作我干不下去了的时候，我感到既沮丧又困惑。

那时，我已经离开医学院 3 年了，那次可怕的圣诞节值班经历已经过去两年，而我暂别医学工作，开始投身于创业也有几个月了。这辉煌的几个月最终竟是这样的结果：圣诞节前夜，我给妈妈打 FaceTime 电话，开始抱怨我现在的生活。

　　此时，我把全部精力都放在了公司上。我有了梦想中的工作：管理着一个小团队，创造了自己喜欢的东西。一切本来应该进展很好，但不知为何，事情并没有如我所愿。

　　尽管我创业赚的钱比我当医生赚的钱要多得多，但我还是觉得心力交瘁。几个月来，我感觉越来越难激励自己坚持下去。曾经让我乐此不疲的事情，现在开始变成了苦差事。由于我的拖拉，工作也开始受到影响。

　　到底发生了什么？这可是我曾经热爱的工作。现在光是想一想，我就觉得累。

　　于是我把这个情况告诉了妈妈。一开始，她说的和我预计的一模一样："你应该继续做医生，阿里。"（她以前也这么说过。）然后，她又说了一句我完全没想到的话："在我看来，你正在经历职业倦怠。"

　　我的第一个想法是："肯定不是。"很显然，我对"倦怠"这个概念并不陌生，但我从未想过这个词会用在我身上。我可并没有为了生计而拼命工作。我甚至没有做任何特别紧张的事。我有什么权利感到倦怠呢？

　　但在接下来的几分钟里，妈妈（一位精神科医生）解释说："职业倦怠并不仅仅发生在工作压力过大、劳累过度的人身上。当工作不再有意义、令人愉悦或易于管理时，它就会发生在任何人身上。当你倦怠时，你会感到力不从心、动力不足。你觉得自己无论如何努力都无法跟上节奏。"

挂断电话后，我决定听一次她的建议，去了解更多信息。我发现，世界卫生组织（WHO）重新定义了"职业倦怠"。职业倦怠不仅仅是一种与工作疲劳相关的压力综合征，它是更为常见的一种现象。根据世界卫生组织的定义，职业倦怠是一种"职场现象"，其特征是"一种精力耗尽或极度疲惫的感觉，与工作的心理距离增加，对工作有着消极情绪或愤世嫉俗的感觉，以及职业效能感降低"。最关键的是，它与工作时长无关，而与你的感觉有关。

慢慢地，我对生产力有了新的感悟。几年来，我始终能意识到让自己保持好心情对完成工作的重要性。从我当医生的头几个月起，我就知道"3P"[⊖]（玩、权力和人）对生产力的积极作用。在创业的这些年里，我也越来越善于消除自己的障碍——克服不确定性、恐惧和惯性，这些障碍都曾导致我长期遭受拖延症之苦。

但现在我意识到，这还不是全部。因为我在每天的工作

⊖　3P 是指 play、power、people。

中体验到的快乐越多，我承担的任务就越多。而我承担的越多，我就越临近影响真正生产力的最后一个巨大障碍：倦怠。如果我不能找到让工作和生活持续下去的方法，那么我对生产力秘密的所有研究都将白费。我已经掌握了生产力的基本知识，但我还没有掌握可持续生产力的秘诀。

于是我开始大量阅读。读得越多，我就越意识到，有三种常见的力量会让我们感觉不好，从而导致我们产生职业倦怠。尽管很容易相互混淆，但它们有着本质的区别。

首先，工作负担过重导致的倦怠。你的心情很不好，因为你每天要做的事情太多了。我称之为"过度疲劳倦怠"。

其次，与错误的休息方式有关的倦怠。你的心情之所以不好，是因为你没有给自己更长的休息时间，你所需要的，不是一天中那些短暂的休息，而是让你的身心和精神重新充满活力的长时间休息。我把它称为"耗竭性倦怠"。

最后，与没有做正确的事情有关的倦怠。你的情绪之所以受到影响，是因为在过去的几周、几年或几十年里，你把所有的精力都投入到了不能给你带来快乐或产生意义的事情上，这让你心力交瘁。你的精力用错了地方。我把这种情况称为"错位性倦怠"。

在与妈妈进行 FaceTime 通话之后的几天里，我开始意识到，我在这三方面都有一点问题。我做的事情太多了。我没有好好休息。我所做的很多事情都不再有任何意义了。在每一种情况下，我的心情都非常不好，我的生产力也受到了影响。

但几天后，我发现了一件令人振奋的事：这三个问题都是可以解决的。

过度疲劳倦怠以及如何避免它

我选择首先关注我的过度疲劳感。我意识到，一段时间以来，我承担了太多工作。一开始，我不知道该怎么办。毕竟，我不能就这样放弃我的事业。但后来，我找到了解决的办法。

在我向妈妈发泄完情绪不久，我收听了蒂姆·费里斯对世界著名篮球运动员勒布朗·詹姆斯（LeBron James）的访谈。我从来都不是篮球迷，但我竟然很快就开始研究 YouTube 上洛杉矶湖人队的比赛片段了。随着了解的深入，我偶然发现了一个有趣的现象：似乎有两个不同版本的勒布朗·詹姆斯。

首先是短跑健将勒布朗。他可以在篮球场的一端拿到球，然后在眨眼间就站在对手的篮筐下。他能以每小时 17 英里[⊖]的速度奔跑，是 NBA 历史上跑得最快的球员之一。

其次是漫步者勒布朗。他没有控球的时候，就会在球场上悠闲地漫步。而拿到球以后，他又没有必要奔跑了。既然他通常能在 10 多米以外投篮命中，他为什么要奔跑呢？

许多评论员认为，这种强烈的对比解释了勒布朗奇特的篮球生涯。自 2005 年左右以来，勒布朗一直"统治"着 NBA 赛场。在篮球赛场上，一个运动员的黄金时期平均也就四年半，平均每个赛季也就打五十场比赛，然而勒布朗打了十九年，平均每个赛季打七十多场比赛。

他是如何在长达几十年的职业生涯中保持自己的地位的呢？答案似乎与他的漫步有关。

体育分析师们研究了勒布朗和其他 NBA 球员的大量场内外数据，发现了同样的问题。尽管勒布朗可以如汽车在郊外疾驰一般飞速奔跑，但他的平均速度却是 NBA 球员中最慢的之一。在 2018 年赛季，他在比赛中的平均速度为每小

⊖ 1 英里 =1.609 344 公里。

时 3.85 英里（和步行速度差不多）。和其他至少在场上打了
20 分钟比赛的球员相比，他的平均速度排名倒数第十。常
规赛期间，他在球场上的步行时间占到了 74.4%，联盟中
几乎无人能及。

　　没想到，勒布朗·詹姆斯为我提供了如何克服疲劳感的
第一个建议。我意识到，过度疲劳产生的倦怠感来自当我们
做得太多、太快时产生的负面情绪。我们所接受的工作超出
了我们的能力范围，而我们却没有在工作时间进行必要的休
息。我们一直在冲刺。

　　✈ **做得更少，才能释放更多。**

　　解决办法是什么？就是效仿勒布朗，保存能量。做得更
少，才能释放更多。

少做一点

　　1997 年，所有人都只想问乔布斯一件事：OpenDoc
软件平台到底怎么了？在过去的几年里，苹果公司的工程师
们一直在努力开发这个软件平台，他们认为这将彻底改变用

户创建、共享和存储文件的方式。但乔布斯在重新成为苹果公司首席执行官后,几乎立即砍掉了这个项目。

当时,许多人认为乔布斯犯了一个历史性的错误。但他用直截了当的语言解释了自己的做法。"人们以为专注意味着对你必须专注的事情说'是',"他说,"但专注根本不是这个意思。它意味着对其他 100 个好主意说'不'……创新就是对 1 000 件事情说不。"

乔布斯传达的信息很明确:"不"与"是"同样重要。"实际上,我们没有做的事情和做过的事情一样让我感到自豪。"乔布斯说。

这是一个正确的决定。在接下来的十年里,苹果公司越做越强,到 2011 年乔布斯去世时,苹果公司已经成为全球最有价值的上市公司之一。

这一经验对我们其他人也很重要。下面的内容听起来熟悉吗?

- 朋友问你下周想不想一起吃晚饭。那天是你一个重要工作的最后期限,但你确信到时肯定会完成。结果到了那天,你的工作远远还没有完成——你没法去吃饭了。
- 一位同事想在几个月后安排一次无聊的会议。你现在肯定没有时间，但到了那时你肯定会有时间，对吗？没想到会议突然改在了明天——它完全打乱了你所有的其他工作。

- 朋友问你现在想不想玩你最喜欢的电子游戏。你正在进行一项艰巨的任务，你知道这项任务将耗时数周，但离任务最后期限还有几个月时间。很自然地，你玩了六个小时的《魔兽世界》。结果八周后，你错过了任务最后期限。

在所有这些情形中，我们都存在一个简单的问题——过度承诺。这是导致我们过度疲劳的第一种方式：我们现在做出的承诺，让我们以后疲惫不堪。

这很容易理解，因为过度承诺太容易了。但这并不意味着我们不能避免它。

实验 1：能量投资组合

避免过度承诺的第一步是清楚地了解自己的精力究竟投入到了哪里。在开始说"不"之前，你需要弄清楚你想对哪些事情说"是"。

"能量投资组合"的理念很简单。你只需列出两份清单。

清单 A 列出你所有的梦想、希望和雄心壮志。这些都是你想在某个时候做的事情，不过可能不是现在。清单 B 是你的积极投资清单。这些都是你正在（或想要）积极投入精力的项目。我说的现在，是指本周。

我的能量投资组合如表 7-1 所示。

表　7-1

梦想、希望和雄心壮志	积极投资
• 学习中文	• 增强肌肉
• 学习骑摩托车	• 学习烹饪
• 学习射箭	• 多打壁球
• 开着面包车穿越美国进行公路旅行	• 去葡萄牙度假
• 组织一次豪华露营度假	
• 来一次滑板旅行	
• 尝试高空瑜伽	
• 学习冲浪	
• 去巴厘岛潜水	
• 像数字游民一样生活	
• 拥有六块腹肌	

梦想清单的长度可以由你决定——只要是你能想到的都可以列入。积极投资清单是我目前正在进行的一些个人项目。我喜欢"投资"这个术语，因为我在为项目投入精力，而得到的回报（希望如此）是它给我带来的价值。

积极投资清单应根据你的时间和精力加以限制。这一点因人而异。我喜欢将我的积极投资限制在五项左右，但如果你有年幼的孩子或繁忙的事业，你可能只需要三项积极投资就可以了，甚至是两项，或者一项。但无论如何，将你的积极投资数量保持在个位数是明智之举。

如果你打算把一个梦想移到你的积极投资清单中，那么你需要确保你有时间和精力投资于它。如果在特定时间，你能做的事情有很多选项，你就很难在这个时间段专注于做某一件事情。我们的大脑总是在想："我现在正在做 X 工作，但或许我也可以做 Y 工作，甚至可以做 Z 工作。"这很危险。如果你在装修房子的同时，还在为工作中的一个大项目而努力，同时还在努力学习日语，同时还在努力运作你的博客，同时还在努力指导你孩子的足球队，那么这一切会让你感觉压力巨大。

能量投资组合对于抵抗过度承诺的诱惑至关重要。我们往往认为自己无所不能，但这只存在于神话中。可持续生产力意味着要认识到我们的时间是有限的，每个人的时间都是有限的。

实验 2：拒绝的力量

一个常见的问题是，即使我们知道说"不"的重要性，也很难真正说出口。怎样才能让自己拒绝那些我们实际上没有时间去做的事情呢？

我最喜欢的一种方法来自作家兼音乐家德里克·西弗斯（Derek Sivers），他称之为"要么'当然得做'，要么'不做'"。他的建议是：当你发现自己在权衡是否要承担一个新项目或做出一个承诺时，你有两个选择——要么"当然得做"，要么"不做"。没有中间选项。

有了这个过滤器，你就会发现 95% 的承诺都是你应该拒绝的。很少有事情是你"当然得做"的。人们通常会说："这事可能有用或有趣，所以为什么不做呢？"其实这些都是你大脑中想出的理由，你需要推翻它们。想想你已经有多少事情了。如果不是"当然得做"的事情，那就不值得去做。

✈ **如果不是"当然得做"的事情，那就不值得去做。**

第二种方法更为简单，需要我们重新思考一下经济学家所说的"机会成本"。机会成本反映了这样一个事实：我们说的每一个"是"，都是对我们本可以用这些时间和精力去做其他事情的"否"。

假设一位同事让你承担一些额外的项目。如果你的目标是升职或加薪，而帮忙做额外的项目是实现目标的一种方式，那么你可能更倾向于说"是"。但这并没有考虑到你可以做的其他事情。提醒自己，你会因此而失去哪些做其他事情的机会——和孩子一起去公园玩？和好久不见的朋友叙叙旧？睡个好觉？

　　最后一种方法来自朱丽叶·方特（Juliet Funt），她是世界上研究"不"的力量的顶尖专家。方特还是多家《财富》500强企业首席执行官和管理者的顾问，她也是《一分钟思考》（A Minute to Think）一书的作者，该书认为给自己留出思考空间是持续提高工作效率的秘诀。当我就本书采访她时，我问她从研究中得到的最实用、最可行的启示是什么。她告诉了我一个强大的概念："六周陷阱"。六周陷阱是指当你看着六周后的日历，看到所有空白的地方，心想"我完全可以答应这件事"。随着周数的倒计时，六周前还是空白的地方开始变得越来越满。到了这一天，你才意识到自己真的不应该做出这个承诺——但你现在已经答应了，你不想因为反悔而让别人失望。

　　她的解决办法是问自己一个简单的问题。每当你接到几周后的某个请求时，想一想："如果明天就要做出这个承诺，我会为之激动吗？还是说，只是因为给未来的自己制造麻烦更容易一些，我才答应的？"

"六周后，我的日程表会很空，所以我肯定会有时间和精力去做这件事"，这种想法的确很诱人。但是，你不会有时间和精力的。六周后，你的生活将和今天一样忙碌。假如你不会答应明天要做的事，那么对于发生在一个月或更长时间以后的事情，你也不应该答应。

抵抗干扰

我们的下一个保存能量的策略基于以下两点。第一点很明显：我们不擅长处理多个任务。第二点不那么明显：我们并不完全像你想象的那样不擅长处理多个任务。

我从计算机科学家雷切尔·阿德勒（Rachel Adler）和拉克尔·本布南-菲希（Raquel Benbunan-Fich）在 2012 年进行的一项研究中学习到了这一点。两位科学家开发了一项实验，让人们在六项任务之间切换：数独题、拼词挑战、一些"奇异"的视觉题，等等。他们召集了一些志愿者来参加实验，并把他们分成两组。在"非多任务处理"组，参与者必须按顺序完成每项任务。也就是说，他们必须先完成数独任务，然后再进行拼词任务。在"多任务处理"组，六项任务的标签卡都被打开了，参与者被告知可以点击不同的标签卡在任务之间自由切换。

　　结果出人意料。当然，严重分心的参与者，也就是那些不停地从一项任务切换到另一项任务的人表现很差。但是，完全没有分心的参与者，也就是那些一次只专注于一项任务的人并未表现最好。当研究人员以"效率"为纵轴，以"任务切换次数"为横轴绘制图形时，他们发现了一个倒 U 形模式（见图 7-1）。图形中间存在一个健康的"分心水平"——表现最好的是那些偶尔在不同任务间切换，但并不过多切换的人。

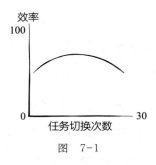

图　7-1

　　为什么分心会产生这种影响？一方面，当我们过于频繁地改变注意力时，我们的能力就会被削弱，这就是科学家所说的"转换成本"——在任务之间转换时所耗费的认知和时间资源。试想一下，从一项任务中脱离出来，把自己的状态调整到新任务，然后适应新任务的要求，需要耗费多少脑力。这就是影响图形右侧志愿者的问题。但另一方面，当我们长时间专注于一项任务时，也很可能会耗尽我们的认知资源——因此我们的专注力也会下降。这就是影响图形左侧志愿者的问题。

因此，我们的目标是将大部分时间集中在一项任务上，但如果偶尔注意力不集中，也不要自责。但应该怎么做呢？

实验 3：增加摩擦力

第一个答案需要我们重新回到物理学定律。在第 6 章中，我们了解了阻碍我们开始工作的摩擦力。当你把吉他放在房间一个遥远的角落时，你拿起吉他的可能性要比把吉他放在电视机前小得多。在解决注意力分散问题时，我们可以反其道而行之，在你和你不想转移注意力的任务之间设置障碍。你可以把这个过程想象成增加摩擦力。

请看体育记者大卫·伦格尔（David Lengel）的例子。

步入中年的伦格尔有两个年幼的孩子，工作也十分繁忙。他意识到一件让人难过的事情：他每天晚上只有几个小时与妻子和孩子们在一起，而大部分时间他都花在了手机上。"这就是一切的结局吗？"一天晚上，他问自己，"余生，我们都要一直这样持续下去吗？"

他的解决办法是买一部诺基亚手机。这可不是那种有触摸屏和几十个应用程序的现代诺基亚，而是老式的诺基亚3310，一款以"坚不可摧"闻名的手机，该手机仅安装有2D 的贪吃蛇游戏，屏幕的分辨率很低。

这一方法的效果非常显著。起初，他觉得自己非常古怪——上下班途中其他人都在查看 Twitter，而他只能坐在那里摆弄大拇指。但随着时间的推移，这种感觉逐渐消失了。"然后，"他写道，"神奇的事情发生了。"

"我看了正儿八经的电视节目而没有走神，我读了纸质书籍而不再刷屏，我和妻子享受了更多在一起的时光。"伦格尔在《卫报》上发表了一篇关于他自己经历的文章，他回忆道："作为奖励，我还能在她浏览社交媒体 Instagram 时骚扰一下她。"这个方法对他集中注意力的能力产生了巨大的影响，也帮助他在生活中找到了乐趣。

伦格尔的方法是，为使用现代科技产品增加摩擦力。不过，你不需要通过购买一部"砖头机"这种方法来帮助自己找回注意力。你可以从一些小事做起。比如从手机上卸载让你沉迷的社交媒体应用，如果你想访问它们，就必须使用网页界面。这一瞬间的停顿会让你重新考虑自己是否真的想花时间在 Twitter 上，而不是不假思索地直接打开它。如果还不行，那就退出登录。这样，当你下次访问这个应用程序时，就必须重新登录，这将花费整整 30 秒时间。通常，仅这一点就足以让你完全停止查看 Twitter 消息了。

接下来是一些更强硬的方法。有一些工具能让你所使用的科技产品运行异常缓慢，这让我受益匪浅。随着高速互联网的普及，我们正越来越快地收到一些分散精力的干扰信息。解决这个问题的方法之一就是安装一些工具，人为地延长某些应用程序的加载时间，让你感觉像是在使用 20 世纪 90 年代的拨号调制解调器一样。每次我打开 Twitter 或 Instagram 的时候，应用程序都会显示一个界面，上面写着"深呼吸"，三秒钟后，我才可以选择是否打开 Twitter 或 Instagram。

通常，这三秒钟就是我需要思考的时间："我现在真的想做这件事吗？"有时答案是肯定的。但大多数情况下，答案是："当然不是，我只是出于习惯点击了这个应用程序，而不是因为我真的需要使用它。"然后我就退出了。

实验 4：纠正航线

但正如我们所看到的，注意力分散并不总是意味着世界末日。事实上，最有效率的人往往是那些有点分心，但不会让分心影响工作效率的人。对于我们其他人来说，这可能没那么容易。

我有时喜欢用一个航空方面的比喻。想象一下，你正在从伦敦飞往纽约的航班上。飞行到一半时，你听到广播说："受强风和气流影响，我们的航线改变了几度。"你觉得这没什么大不了的。直到飞行员继续说："因此，我们决定放弃原定目的地，改飞布宜诺斯艾利斯。"

在我们生活的大多数领域，如果事情稍有差错，我们不会让自己完全偏离轨道。同事发来的恼人邮件意味着项目进度会被减慢一天，但不会被完全取消。你在跑步时弄伤了腿，你需要停止锻炼一周，而不是永远。大风让你比原计划晚了五分钟着陆，而不是改道飞往布宜诺斯艾利斯。

然而，说到我们的日常工作模式，我们中的许多人都会陷入一种反常的逻辑，博主内特·苏亚雷斯（Nate Soares）称之为"轻言放弃"（failing with abandon）。

- "我已经在社交媒体上花了五分钟，我还不如在接下来的三个小时里继续这样做。"
- "我错过了早上的锻炼，我想今天就这样算了吧。我打算只看电视，而不做其他任何事情。"
- "我已经一整天没有在语言学习应用上学习了，所以我还是放弃学习语言吧。"

"轻言放弃"是我们浪费大量精力的常见原因。关键是要重新回到正轨。

同样，解决办法也很简单，即改变我们的思维。正如我们所看到的，完全消除分心是不可能的。因此，你需要允许自己分心。把分心看作是暂时地偏离轨道，它并不意味着你应该完全放弃你的计划。只要纠正航线，我们最终还是会到达既定的目的地。

✒ **要允许自己分心。**

要做到这一点，借用冥想领域的一个概念会很有帮助。

老师们认识到，冥想是一件困难的事情，而且心思容易游离。因此，在许多引导式冥想练习和冥想课程的最后一分钟，老师们经常会说："如果你还没有深入练习的话，没关系。不要担心。你可以重新开始。专注一分钟总比什么都不做强。"

当我发现自己分心时，我经常念叨"从头再来"这句咒语。这是一个强有力的提醒。不要轻言放弃。无论你做得如何——或者说你认为自己做得如何，你都可以重新回到重要的事情上来。

多休息

2008 年，心理学家詹姆斯·泰勒（James Tyler）和凯瑟琳·伯恩斯（Kathleen Burns）邀请 60 名本科生进入他们的实验室。他们要求学生们一个接一个地转身离开研究人员，开始完成一项耗费体力的任务：单腿站立，从 2 000 开始倒数，每两个数之间间隔 7 个数（2 000、1 993、1 986、1 979……），这样持续 6 分钟。

学生们可能会以为他们在接受算术测试。事实上，泰勒和伯恩斯对实验的第二部分更感兴趣。在单腿站立任务之后，学生们被随机分成三组。一组在进行下一项任务前休息1分钟；另一组休息3分钟；最幸运的一组休息整整10分钟。

然后，实验人员要求学生们回到主实验室，并让他们转过身来，面向实验人员。但这次的任务有所不同。这次，实验人员给了他们一个手柄，要求他们用非惯用的那只手握住手柄，时间越长越好。在他们做的过程中，实验人员会暗中计时，观察他们能坚持多久。

你可能会认为，抓握东西纯粹是衡量手部力量的一个标准。但研究人员发现并非如此。事实上，决定抓握成功与否的关键因素是休息时间的长短。前两组之间的差异不大：1分钟组平均握了34秒，3分钟组平均握了43秒。10分钟组则不同，他们平均握了72秒。研究人员的结论很简单：在两项需要自我控制的任务之间增加10分钟的休息似乎有助于防止过度疲劳。

泰勒和伯恩斯的研究提示了我们保存能量的最后一种方法。到目前为止，我们已经了解到说"不"和抵抗干扰的重要性。这就忽略了最后一个要素。因为事实上，每天你都需要充足的休息时间。而且你需要的休息时间比你想象的还要多。

事实上，那些似乎能完成更多工作的人，往往是那些把大部分不工作的时间变成了一门艺术的人。在一项研究中，软件公司 Draugiem Group 调查了工人花在各种任务上的时间，以及他们工作时间与工作效率之间的关系。结果发现，工作效率最高的工人并不是那些把自己拴在办公桌旁的工人，也不是那些每小时休息 5 分钟的工人，尽管这听上去很健康。效率最高的工人给自己的休息时间多得几乎令人难以相信，他们工作与休息的时间为：工作 52 分钟，休息 17 分钟。

因此，保存能量的最后一步甚至比前两步更简单：在你的工作日程中留出一些时间什么都不做，并拥抱这样的时光。

实验 5：安排好休息时间

休息有一种救赎的力量，拥抱休息的第一个方法非常简单：在你的日程表中安排出什么都不做的时间。而且安排出的时间应比你想象的要多一些。

我们今天从事的大多数知识工作都需要一些心理学家所

说的"自我调节能力"。这是我们控制自己的行为、思想和情感的能力。比如，我现在写下这一段文字，就需要进行自我调节，让自己抵挡住去做一些轻松之事的诱惑，而把注意力集中在这一页的文字上。

心理学家认为，我们的自我调节能力是一种有限的资源，很容易耗尽。我坐在椅子上写这本书的时间越长，我就越难保持坐姿继续写作，因为我已经"耗尽"了这种资源。为了在工作期间保持精力充沛，我们需要找到补充精力的方法。

当我在急诊科工作时，我惊讶于医生们对这一点的重视程度。我永远不会忘记，那天我在急诊科的第一次值班已经进行了五个小时。候诊室里挤了一百多个病人，其中一些人因为没有地方坐而站在那儿。抢救室里塞满了病情危重的病人，因为每个诊室都有人，我们不得不在走廊上为一些病人看病。

我已经完全不在状态了。我的轮班从早上 8 点开始，现在已经是下午 1 点了。与其他人相比，我对自己的工作进展如此缓慢而感到愧疚，因此我决定不吃午饭，继续工作。就在我查看候诊名单，想知道下一个排队就诊的患者时，我的顾问之一阿德科克医生拍了拍我的肩膀。

"阿里，据我所知，你今天还没有休息。你为什么不现在就去吃午饭呢？"阿德科克医生挑了挑眉，歪了歪头，露出他那标志性的"传递严肃消息"的表情。

"谢谢，但我很好。"我告诉他，"我不饿，还有很多病人要看，所以我很高兴自己能坚持到现在，待会儿我会去喝杯咖啡。"

我以为他会拍拍我的肩膀说："好样的，这就是职业精神。"然后带着对我惊人的职业道德的敬意离开。但他没有。相反，他把手伸过我的肩膀，关掉了我的电脑显示器。

当我略带困惑地转向他时，他笑了："听着，我知道这是你值班的第一天，我喜欢你的热情。但我干这行已经很长时间了，知道病人会源源不断地来。如果你不休息一下，你就会丧失注意力，可能会犯错误。这样对谁都不好。"

我环顾四周，周围一片混乱。大厅对面的一个房间里紧急蜂鸣器响了起来。走廊上有人被抬上担架。一片混乱。

阿德科克医生顺着我的目光看去。他说："如果你筋疲力尽，你就很难为任何人提供帮助，但如果你花时间补充能量，重新集中注意力，你就能做出更有效的决策。没有人会因为你吃午饭而死去。吃午饭的时间总是有的。"

　　在混乱的急诊医学中,这是所有资深医生都会执行的金科玉律。每 4 个小时必须休息一次。在急诊科工作之前,我以为这就像《加勒比海盗》中巴博萨船长对"海盗守则"的描述一样——"与其说是真正的规则,不如说是指南"。

　　我错了。顾问的工作就像军队中的将军,负责管理战场上的部队调动。其中很重要的一项工作就是确保所有医生每 4 个小时休息一次,并确保没有任何一个区域因为遵守这项规定而出现人手不足的情况。

　　直到现在,我还会想起在急诊室里度过的那段重要午餐时间。每天开始工作前,我都会想一想自己什么时候会感到最劳累,然后在我认为最需要休息的时间段里挤出 15 分钟来休息。每当我想硬撑的时候,我就会想起自我调节的科学原理——你越努力工作,你就会变得越过度疲劳。我还会提醒自己休息的重要性——即使你认为自己不需要休息。

　　✒ **休息不是一种特殊待遇。休息是绝对的必需品。**

　　记住阿德科克医生的话,即使你从事的是救死扶伤的工作,休息也不是一种特殊待遇。休息是绝对的必需品。

实验 6：拥抱能提升能量的干扰元素

不过，并非每次短暂的休息都必须列入日程表。有时，计划外的休息也是有益的。我称之为"能提升能量的干扰元素"。

在阅读越南释一行禅师（Thich Nhat Hanh）的著作时，我第一次开始思考"能提升能量的干扰元素"的力量。一行禅师常被称为"正念之父"，但实际上他本人从未使用过这个词。相反，他认为自己的工作是向世界介绍佛教教义的古老智慧。他在 20 世纪 60 年代因拒绝支持越南战争而被逐出南越，之后便开始从事这项工作。

对我来说，一行禅师最有力的思想是"觉醒钟"。人们将其佛教传统称为"梅村禅修"（Plum Village），这个叫法取自一行禅师于 1982 年在法国创建的梅村禅修中心（Plum Village Monastery）。钟声响起标志着冥想的开始。但钟声也经常在一天中随机响起。这种突如其来的钟声会让人们停下手中的工作，意识到自己身处何处。这会鼓励人们专注于当下。

当我第一次接触到一行禅师的教诲时，我意识到并非所有的干扰都是一样的。当然，有些干扰会阻止你完成你想做的事情，比如 Twitter 信息、紧急的行政事务邮件等。但有些干扰却能给我们的生活带来积极的能量，迫使我们暂停下来，进行反思，并以更合理的节奏处理事情。

当我开始把一些干扰当成是提升能量的事情时，我意识到我已经使用它们很多年了，只是没有意识到它们的存在而已。上大学的时候，我就一直认为和朋友在一起是件令人愉悦的干扰元素，它能够让我从工作中抽离出来。学习时，我不会把门关上，而是用门挡把门撑开，这意味着只要有朋友从我门前经过去他们自己的房间时，他们就可以把头伸进来和我快速地（或不那么快速地）交谈几句。是的，这可能会"浪费"我一些精力，从而降低我的学习效率。但与朋友在一起的美好时光也给我带来了更多的能量。回想起我的大学时光，我并不希望自己当时学习得更努力或更有效率一些。我很庆幸自己能挤出一些时间与朋友们进行这些随机的互动。

某些干扰元素确实能产生一种乐趣。不妨将它们看作是一种短暂而有力的提示，让你暂停下来，就像一行禅师的觉醒钟一样。人活一世，并不是要时刻保持专注，而是要为机缘巧合的欢乐时刻留出空间。

小　结

- 职业倦怠的最主要原因不是疲惫，而是情绪低落。如果你能让自己感觉更好，你不仅能取得更大的成就，还能坚持更长的时间。

- 第一种职业倦怠源于过度疲劳。解决办法就是：少做一点。

- 在实践过程中，有三种方法可以让你少做一点。第一种方法是避免过度承诺。限制你正在进行的项目清单，学会说"不"。问问自己：如果我只能选择一个项目投入全部精力，那会是什么项目？

- 第二种方法是抵抗干扰。问问自己：我能卸载手机上的社交媒体应用，只通过浏览器访问它们吗？如果我分心了（或者更现实地说，当我分心时），我如何纠正方向，并重新开始？

- 第三种方法是在每个工作日都留出一些时间，什么都不做。问问自己：我是否把休息当作一种特殊的待遇而不是必需品？我可以做些什么来增加休息时间？

第 8 章

恢 复 精 力

对于牛津大学出版社的词典编纂团队来说，2020 年是艰难的一年。

他们的主要工作是编纂《牛津英语词典》，此外，他们每年还要讨论并提名一个"年度词汇"，即一个能够体现过去 12 个月精髓的新词。多年来，他们提名的词汇皆因能捕捉到全球时代精神而成为新闻焦点。例如 2008 年的"信贷紧缩"，2013 年的"自拍"以及 2015 年的"😂"。

但 2020 年比以往任何时候都更难选出一个年度词汇。随着新冠疫情的蔓延，大量新词汇涌入："封锁""保持社交距离""超级传播者"等。最终，该团队没办法只提名一个

词。他们在报告中写道："鉴于 2020 年我们的语言变化与
发展之快，我们认为，这一年无法用一个词来概括。"

不过，在我看来，真正的年度词汇就在他们所写报告
的第六页："负面刷屏"（doomscrolling）。和大多数人一
样，我 2020 年的部分休息时间都在无意识地浏览社交媒
体。"我应该放松一下。"我想，"然而实际情况是，我好像
浏览了 2 500 条推文，内容都是关于封锁对佛蒙特州奢侈
品蜡烛制造商造成的经济影响的。"

许多人都体验过"负面刷屏"带来的危害。漫长的一天
工作结束后，你坐在沙发上最喜欢的位置，手握手机，准备
放松几分钟。然而，你并没有如愿进入平静的休息状态，而
是陷入了无尽的负面情绪旋涡中，浏览了一个又一个令人沮
丧的报道、推文或视频。这样做，首先受到影响的是我们的
情绪。我们以为自己在休息，但却一点儿没感觉到放松。

上一章，我们讨论了因为过度疲劳而产生倦怠，即工作过多
而休息不足导致情绪低落的情况。我们认识到，解决办法是更有
效地保存能量。但是，工作之外的时间我们也会产生倦怠：负面
刷屏、狂看电视节目、漫不经心地查看电子邮件或 WhatsApp
信息 —— 这些事情都会在休息时间破坏我们的好心情。

　　由此产生的压力导致了耗竭性倦怠。这是由于没有给自己足够的时间或空间来真正恢复精力。

　　试试这个简单的实验。5 分钟内请你列出两份清单。第一份清单是当你感到精力耗尽时你倾向于做的事。第二份清单是能让你精力充沛的事。如果你和我一样，你可能会发现这两份清单看起来很不一样（见表 8-1）。

表　8-1

当我感到精力耗尽时我做的事	能让我精力充沛的事
• 刷社交平台 Instagram	• 出去散步
• 刷 TikTok	• 弹弹吉他
• 躺在沙发上，在网飞上漫无目的地搜索着想看的电影	• 联系朋友，提议一起吃晚饭
• 浏览 Twitter，对世界上发生的一切都感到愤怒	• 做瑜伽或拉伸运动
• 叫一份不健康的外卖	• 去健身房锻炼一会儿

　　我们感到疲劳时不知不觉地去做的事与真正让我们恢复精力的事并不相同，这表明，我们的休息方式并不能让人放松。这提出了一个问题：怎样才能摆脱"负面刷屏""狂看电视""叫外卖"的不良习惯，从而投入到一些真正能让人心情良好的活动中呢？这听起来很简单，但我们并不总是能很好地利用休息时间，做一些能让自己心情良好的事情，从而真正让自己恢复精力，避免倦怠。

从事创造性的活动

你是否曾完全沉浸在一项创造性活动中，比如写一首诗、学一首歌、画一幅画，完成的时候，你发现自己已经完全忘却烦恼？

美国旧金山州立大学和伊利诺伊州立大学的心理学团队的研究表明，这是一个可以通过科学来验证的现象。他们认为，创造性活动很容易让人放松。这些活动有四个特点，能帮助人们感觉良好。我喜欢用一个简单的缩写来记住它们：CALM[○]（平静的），如图 8-1 所示。

CALM 活动

效能感　自主感　自由感　放松感

图　8-1

首先，创造性活动能提升我们的效能感（competence）。我们从第 2 章了解到，感觉自己掌握了新技能时，我们的能量就会提升。而当你从事一些创造性的活动时这种感觉会尤

[○] CALM 是 competence、autonomy、liberty、mellow 四个单词的首字母缩写，同时，"calm"一词意指"平静的"。

为明显。例如，创作诗歌或歌曲时，你感到自己的技能不断提升，因此，你的效能感也在提升。

其次，创造性活动能激发我们的自主感（autonomy）。第 2 章介绍了自主权的概念，我们了解到，对工作的自主感会让人精力充沛。同样，当我们从事创造性的活动时，我们会感受到让人恢复精力的自主感。例如，画画的时候，我们可以完全自主决定画什么以及怎么画。

再次，创造性活动给我们自由感（liberty）。当你全神贯注地学习弹吉他时，你很难再保持"工作模式"。这给了我们一种自由的感觉，让我们从工作中解脱出来。

最后，创造性活动能让人产生放松感（mellow）。合适的创造性活动可以让人放松，因为结果并不重要。在轻柔舒缓的背景音乐中为朋友织一件毛衣，练习自己的编织技术（而不是参加一场有 2 000 名对手、胜负至关重要且马上就要举行的编织比赛），有助于你摆脱工作压力。

因此，合适的创造性活动至少可以从四个方面提升我们的能量。但问题是，在实践中，如何判断哪些创造性活动能让人们平静下来？我们该如何把它们融入生活？

实验 1：CALM 爱好

你可能想象不到，美国前总统乔治·沃克·布什（小布什）、英国国王查尔斯三世和美国流行歌手泰勒·斯威夫特有许多共同之处。

当然，他们有一些显而易见的相似之处：他们都极其富有；他们都是一些离奇阴谋论的焦点人物；他们都喜欢周游世界。但他们也有一些更出人意料的共同点：热爱画画。小布什画的是退伍军人；查尔斯国王画的是略显乏味的苏格兰风景；斯威夫特画的是各种各样的画——海景、花卉、树叶等，通常用色大胆、画风大气。

在我看来，画画是最典型的 CALM 活动。无论一个人刚开始画的时候手法多么生疏，只要坚持下去，随着时间的推移，他的绘画能力都会不断提高。人们通常都能自主决定画什么和怎么画，这会让他们逃离日常工作，体验到一种解放的感觉。此外，画画通常是一项温和而令人放松的活动。

但绘画之所以是一项重要的爱好，是因为对几乎所有人来说，它永远只是一种爱好。它就是一种纯粹的享受，没有什么目的，也不会带来什么物质收益。

业余爱好是我们将 CALM 活动融入生活的第一种方式。

业余爱好的显著特点就是结果无关紧要；业余爱好不涉及输赢，也不可能变成生意。我们很少有人成年后发现自己是专业的画家（尤其是小布什，他肯定不是）。

如何最大限度地发挥创造性爱好的潜力？秘诀是要确保你的爱好与工作界限分明，不要目的性太强，也不要有压力。因此，为你的爱好设立明确的界限会很有帮助。要明确你从事创造性活动的具体时间，并将之与你的工作和日常事务区分开来。试着为自己的爱好安排一个特定的房间或空间，在创作期间关闭与工作有关的通知，或为爱好预留固定的时间。

另外，不断提醒自己，追求爱好时，应该享受参与的过程，而不要设定任何高难度的目标。在绘画、玩耍或建造的过程中，提醒自己结果并不重要。因此，请允许自己犯错、大胆尝试，按照自己的节奏成长。你的首要目标不是成为专家或大师，而是享受过程、恢复精力。

最重要的是，要克制把爱好变成"工作"的冲动。2017 年，小布什出版了一本名为《勇气的肖像》(*Portraits of Courage*) 的画集。尽管他笔下的某些人物特征有些扭曲，而评论家们普遍对他的作品质量感到惊叹，但是以这种方式将自己的爱好公之于众，试图将其纳入公众视野，甚至靠它赚钱，这一做法很危险。这意味着你可能不再将自己的爱好视为真正的休闲娱乐活动，而是将其视为另一项副业。

如果你想以正确的方式让自己恢复精力，就需要在生活中保留一些与个人发展完全不相关的活动。

实验 2：CALM 项目

另一种让自己恢复精力的方法是完成一个特定的项目。与开放式的业余爱好不同，项目有明确的起点和终点。完成一个特定的项目对于培养我们的能力和自主意识特别有用，因为当我们完成最终目标时，它会给我们带来成就感。

在我开始写这本书之前（也即在我从初级医生的崩溃中走出来之后），学习生产力科学就是我的创造性项目。几个月来，我下班后一回到家，就开始放上音乐，阅读有关如何高效完成工作的科学知识。我不断学习最新的心理学研究成果，因此我的效能感得到了提升。我有了自主权，可以创造性地探索各种方法。我从白天的医生工作中解脱出来，这与我在夜间作为一名生产力专家的体验完全不同。而且那时，我觉得学习的结果并不重要，所以在阅读时我感到放松、惬意（老实说，签下这本书的合约后，我觉得压力比之前大了一些）。

几乎所有目标明确的创造性活动都可以归类为 CALM 项目。你可以学习摄影，目标是在一年内每天坚持拍摄一张照片。你可以学习编程，目标是创建一个基于文本的角色扮演游戏。你可以学习拼布，目标是为妈妈的生日制作一份礼物。

如果你想进一步提升 CALM 项目的效果，可以考虑将"人"的因素融入其中。正如我们在第 3 章中所看到的，当我们与朋友或更大的社区一起完成一项任务时，我们会充分利用人与人之间的联系所带来的能量。在这样的环境中，我们可以相互学习、交流思想、共同庆祝成功，从而茁壮成长。

如果你的 CALM 项目涉及绘画，你可以参加当地的艺术培训班或兴趣小组，在那里你可以与他人分享自己的进展。如果你喜欢写作，你可以加入一个写作小组或工作坊，与其他爱好写作的人共同成长。无论什么样的活动，当你为自己的活动建立了一个社区时，你就能利用"人"的力量让自己恢复精力。

借助自然的力量

在宾夕法尼亚州郊区一家医院宁静的病房里，有两组病人刚刚做完胆囊手术，正在康复。但他们康复的速度并不一样。

其中一组病人的房间有窗户，他们可以俯瞰宁静的树林。另一组病人则面对着冰冷的砖墙。那时，罗杰·乌尔里希（Roger Ulrich）刚刚升任环境美学的助理教授，他想要研究不同环境给病人带来的影响。他惊讶地发现，窗外绿树成荫的那组病人比面对砖墙的病人平均要早一天痊愈，所需的止痛药明显减少，并发症也更少。

乌尔里希从此开启了其痴迷一生的事业：研究大自然对康复过程的影响。过了不到十年的时间，他与瑞典乌普萨拉大学医院的同事一起合作，更严格地测试了大自然对康复过程的影响。他们的研究对象是重症监护室里 160 名心脏手术病人。这些病人被随机安排在以下六种房间环境之一：有两种环境中挂着模拟的"窗景"，一种窗景是有一条开阔的林荫小溪的风景照片，另一种窗景是一片幽暗的森林景色的自然照片；还有两种环境中各挂着一幅不同的抽象画；第五种只有纯白的面板；最后一种是空空的墙壁。你可能会觉得，房间之间的差别并不大。然而，结果却令人震惊。被分配到挂着宁静的林荫小溪风景照片环境的病人焦虑程度明显较低，所需的强效止痛药剂量也更少。而对于那些被分配到挂着颜色昏暗的森林照片、抽象画或没有任何图片环境中的病人，其情况则要差得多。

在接下来的四十年时间，乌尔里希对大自然疗愈效果的研究也大大影响了医院的建筑设计。他的理论部分地解释了为什么世界各地的现代医院都建有花园和绿地。他数十年的研究表明，大自然有助于我们康复——在大自然中度过一段时间会引发一种生理反应，它能降低压力，帮我们恢复精力。

✈ 大自然能恢复我们的认知能力，提升我们的能量。

因此，沐浴在大自然的光辉中是我们恢复精力的第二种正确方式。大自然能恢复我们的认知能力，提升我们的能量。大自然让我们感觉更好。我们需要找到一种方法，将大自然融入我们的休息时间。

实验 3：引入自然

你可能想说："是的，阿里，我们都想与大自然相处更长的时间。但不幸的是，我们许多人都生活在高楼林立的城市或者单调乏味的郊区。寻找自然，没有那么容易。"

　　但在我看来，这正是乌尔里希的研究具有革命性的原因。请记住，乌尔里希实验的参与者只是看了看树林的照片。实际上根本就没有树！但效果依然非常显著。道理很简单：与大自然建立联系，不需要花费很多时间和精力。

　　你甚至可以在一分钟之内与大自然建立联系。在一项研究中，研究人员召集了 150 名大学生，对他们开展一项专注力实验。在测试前后，参加的学生有 40 秒的"极短休息时间"，他们可以看一下绿色屋顶或混凝土屋顶。与看了混凝土屋顶的学生相比，看了绿色屋顶的学生出错率明显降低，注意力也更加集中。

　　实际上，与大自然建立联系甚至不需要涉及视觉刺激。2018 年发表的一项研究中，研究人员让参与者闭上眼睛聆听自然声音（鸟鸣声、雨林声、海鸥声、夏雨声）。尽管只花了 7 分钟聆听那些让人放松的自然声音，但他们表示，在此后几个小时的工作中，他们都感觉更有活力了。

　　因此，从大自然中汲取能量并不一定需要你真的投入到大自然中徒步旅行 7 个小时。一个简单的方法是在家里增添一片绿色的空间。理想情况下，这可能意味着建造一个小小的花园，或者购置一些室内植物。但如果你既没有时间也没有资源做到这些，也不用担心：你只需在床头柜上放一张大自然的照片，就能起到恢复精力的作用。

你还可以花时间聆听一下自然的声音。你不需要真的沉浸在热带雨林中，只需要让自己的潜意识相信自己身处其中。因此，为何不在睡前花上 5 分钟，用手机播放一下热带雨林的声音呢？时间不需要太长，只要能让你轻松入睡就可以了。

实验 4：出去散步

还有一种恢复精力的方式甚至比下载一段大自然场景的声音还简单：出去散步。

许多知名人物，包括史蒂夫·乔布斯、弗吉尼亚·伍尔夫等，都曾强调过散步对休息的重要性。哲学家、诗人亨利·戴维·梭罗曾经说过："我觉得，如果不是每天至少花 4 个小时（通常要比这更多）在树林、山丘和田野间漫步，使自己完全不受世俗的牵绊，我就无法保证自己的身体和精神处于良好状态。"

不过，这个建议可能会引起一些人的冷嘲热讽。梭罗之所以能够每天花 4 小时散步，是因为在 19 世纪 40 年代的大部分时间里，他都居住在马萨诸塞州的一片广阔的森林里，而这森林居所是他好心的朋友诗人拉尔夫·瓦尔多·爱默生免费提供给他的。并不是所有人都这么幸运。我们需要处理工作、家庭和交友等事务，要在一天中安排 4 小时"完全不受世俗的牵绊"的散步时间并不容易。亨利，有些人必须工作才能谋生啊。

　　有时，我对"每天 10 000 步"这一建议也有类似的感觉。现在，这一数字得到了世界卫生组织、美国心脏基金会等各种组织的认可，并深入人心，所以 Apple Watch 和 Fitbit 等设备都以这一数字为标准。它几乎和"每天 5 份水果和蔬菜"的建议一样无处不在。然而，就像"每天 5 份水果和蔬菜"的建议一样，"每天 10 000 步"的来源和科学性也值得怀疑。它就像梭罗的"必须坚持 4 小时，否则无效"的现代翻版一样。有些人能走 10 000 步，有些人却不能。但是，我们不太清楚为什么当初要制定这个目标。

　　2011 年的一项研究表明，要想充分利用散步带来的积极作用，走多少步并不是最重要的。那一年，瑞典和荷兰的心理学家小组研究了散步对心理健康的影响。他们招募了 20 名大学生参加一个现场实验。结果不出所料，散步让人们感觉更好，焦虑更少，时间紧迫感也更弱。但是，他们还让参与者在不同的环境中（公园或街道）以及不同的社会情景下（独自一人或与朋友一起）完成两次时长 40 分钟的散步。研究人员发现了一些非常确定的现象：参与者在公园散步时比在街上散步时感觉更放松。在公园散步时，独自一人让他们感觉更有活力——可能是因为这能让他们更好地融入自然；而在街上散步时，和朋友一起让他们感觉更有活力——这可能是因为"人"发挥了提升能量的作用。

如果你正在寻找一种简单的方法，让自己瞬间恢复精力，那就试试散步吧——没有时间限制，没有距离要求，也没有特定的目的地。如果可以，在公园、森林或绿意盎然的街道上散散步吧。还可以带上你的朋友。你可能达不到梭罗建议的 4 个小时，但即使在休息时沿着街区散步 10 分钟，也可能足以让你把这一天的生活过得更好。

无心充电

到目前为止，本章讨论的重点可以称为"用心充电"，比如寻找新的爱好，买一盆室内植物，或者在绿树成荫的庭院里散步。所有这些方法都需要你的主动参与。它们使我们恢复精力，是因为我们把精力投入到休息中，就像给手机插上充电器一样。

你可能已经猜到了，我并不是很擅长积极地为自己充电。不过，我想为自己辩解一下，"无心充电"也有好处。

我把"无心充电"定义为那些你并没有刻意要让自己放松的活动。它们甚至可能是本章开始部分列出的第一份清单中的活动。

尽管这些无心的充电活动长期来看并不是特别好的策略，但偶尔尝试一下也可能管用。在特定情况下，最能让你恢复精力、提高效率的活动很可能不是专心弹吉他，练习一首新歌，而是倒在沙发上，看看综艺节目。

"无心充电"抑或"用心充电"，这两个词组的字面意思已经说明了一切。"用心充电"的确很好，但需要你"用心"。我们需要主动地将意识引向特定的事物。这意味着我们需要投入一些精力才会有效。

如果你有精力这样做，那很好。但有时我们上了一天的班，在公婆家或岳父母家度过了紧张的一天，或者经历了一个倒霉的下午后，已经筋疲力尽了。这时如果强迫自己画一幅画，或者去一条绿树成荫的街道漫步，可能一点儿也不好玩儿，还可能让你受伤。

在这种情况下，我们就需要留出一些时间，什么也不做，也不用为此感到内疚。但是合理运用这种方式也需要一些技巧。

实验 5：允许自己走神

"由于人们只杀死他们看到的蜘蛛，所以人类充当了自然选择的工具，使得那些机智的、喜欢隐居的蜘蛛生存了下来。我们人类正在让蜘蛛变得越来越聪明。"

"鉴于人们因讨厌相同事物就能很好地建立起亲密关系，一款基于讨厌之事的约会软件可能会非常受欢迎。"

"衡量一段友谊的真正标准是，在朋友到来之前，你需要把房子打扫得多干净。"

这些想法都是我从最喜欢的一个网站上收集来的——Reddit 论坛栏目：r/Showerthoughts。这个网络空间专供人们发表一些每天淋浴时冒出来的深刻而奇特的想法。

大多数在该网站上发帖的人可能并没有意识到，他们实际上正在验证一个著名的神经科学研究。你可能有过这样的经历：走进浴室，站在热水下，洗发水和香皂的芳香让你进入了放松状态。突然，你睁开了眼睛——苦思冥想的问题竟奇迹般地有了答案！或许是你终于想好了怎样给老板发那封电子邮件，或许是你想起汽车钥匙落在哪儿了。"淋浴原则"并不只是发帖子的那些人的幻想。其实，当大脑充分放松时，我们就会想出创造性的解决办法。

这一切都归结于一种特殊的、无心的充电方式，就是走神。根据最新的神经科学研究，即使我们"什么也不干"，我们的大脑仍然是活跃的。特别是，大脑中有一个被称为"默认模式网络"（DMN）的区域，它管理着我们心不在焉时的大脑活动。"默认模式网络"帮助我们回忆往事、做白日梦以及畅想未来。我们越少参与那些耗费脑力的工作，这部分区域就越活跃。

现代生活有一个问题，那就是我们不善于给自己时间和空间来激活"默认模式网络"。提到走神，人们通常认为这并不是件好事，而是把它等同于浪费时间。由于我们往往不记得做白日梦时自己在想些什么，所以很难得知做白日梦有什么好处。但我们可能想错了，其实什么也不做反而会让我们出乎意料地提高效率。

怎样把"什么也不做"的时间融入我们的生活呢？最简单的方法就是在一周内主动安排一些"什么也不做"的时间。有的晚上，你不需要去散步或画画。有的晚上，你只需要让自己放松一下。你甚至可以在日历上写下：下周的某个晚上，什么也不做。

此外，你还可以在每周做家务时，比如洗碗、晾衣服或去杂货店的时候，不戴耳机听东西。对于热衷追求工作效率的人来说，这违背直觉，通常我也需要强迫自己这样做。不过，这个方法很管用。

你可能会觉得这样做很低效。但有时，你的大脑恰恰需要这种走神的时间，以便从你未曾意识到的视角解决问题。

实验 6：休息日准则

即使是让大脑走神，也需要做一些事情。你依然是为了提高工作效率，只是这种情况下，你的工作效率是通过尽可能少做事来提高的。

有时，即使这样也让人难以承受。当年，作为一名全职初级医生，我同时还要兼顾刚起步的创业项目，回到家时，我有时会精力充沛，迫不及待地投入到制作和编辑视频的工作中，但有时，在医院忙碌了一天，我已经筋疲力尽，浑身每一个细胞都渴望舒舒服服地躺在沙发上，在网飞上看视频，而不用费任何脑筋思考。

这时候，我会躺倒在沙发上。"我真的需要录完这段视频，"我想，"30 分钟后我就起来。"但半小时过去了，录视频这件事似乎越来越没有吸引力了。

有时，我的室友莫莉（她也是一名医生）会过来劝我。她问道："阿里，如果你累了，为什么不取消今晚的工作，好好休息一下呢？"

她的话在我心里埋下了一颗种子。假如她说的是对的呢？为什么我不能取消今晚的工作，真正放松一下呢？就在我为内心的矛盾而纠结时，我突然想到了一个词组，它完美地概括了我现在的观点："休息日准则"（reitoff principle）。

"休息日准则"认为，我们应该允许自己取消一天的工作，有意识地从所有事情中抽身出来。对许多人来说，从我们该做的事情中抽身而出是一件困难的事。我们已经习惯于把关注点放在自我控制、勇气和毅力这些品质上，而把休息等同于懒惰、软弱或失败。

接受"休息日准则"意味着我们要认识到，有时，什么都不做也是值得的。无须在淋浴时有什么深刻的想法，无须散步，什么也都不需要做。

最近，我开始利用"休息日准则"来减轻自己放假休息时的负罪感。当我感到疲惫、倦怠、没有精力继续工作时，我会告诉自己，放下这一天的工作是可以的，这样我就能毫无愧疚地做其他事情，比如玩电子游戏、叫外卖。我告诉自己，这种短期的"无用时间"让我得以调整自己、恢复精力。

✈ **今天少做一点儿，明天就能多做一些重要的事。**

这也让我意识到，在现实生活中，我可能并不想每天都过休息日。让自己偶尔按下暂停键，从持续的压力中抽身出来，就能为成长和创造力留出空间。今天少做一点儿，明天就能多做一些重要的事。

小 结

- 第二种倦怠与休息时间有关。耗竭性倦怠产生的原因是你没有足够的时间或空间来真正让自己恢复精力。解决方法：学习一些能让你恢复精力的休息方式。

- 最好的休息方式就是让自己感觉平静，或者参与 CALM 项目。做一些能让自己有效能感、自主感、自由感和放松感的活动或项目。
- 第二个办法是融入大自然。哪怕绿色植物很少，也能产生巨大的影响。所以，去散散步吧，哪怕是很短的时间。你还可以尝试把大自然搬到家里——无论是培植盆栽，还是播放鸟鸣声，都可以。
- 不过，并非所有的休息方式都需要精心策划。有时候，什么都不做才最能让你恢复精力。今天少做一点儿，明天你会做得更多。

第 9 章

调 整 校 准

　　太平洋山脊步道可不是为胆小鬼准备的。它覆盖了美国西部 2 650 英里山区，从墨西哥边境的沙漠到华盛顿北部的山区，纵贯美国南北。它被称为美国最艰苦甚至是最危险的徒步旅行路线之一。

　　每年夏天，成千上万勇敢的徒步旅行者都会踏上这条步道，他们从春天启程，5 个月后才能到达加拿大边境。对大多数人来说，这听起来像是一场可怕的耐力大比拼。而密苏里大学教授肯农·谢尔顿（Kennon Sheldon）却认为这是进行心理实验的绝佳机会。

　　谢尔顿是近年来人类动机研究浪潮中的泰斗级人物。千禧年之初，许多人认为有关动机理论的重大问题已经解决。正如我们在第一部分中了解到的，自 20 世纪 70 年代以来，科学家们就意识到了两种动机：内在动机和外在动机。

内在动机是指你做某件事情是因为它本身让你感到快乐。外在动机是指你做某件事情是因为外在奖励——比如赚钱或获奖。自从这两种动机被理论化以来，无数研究表明，当我们凭内在动机去做某件事情时，我们会更加高效，变得更有活力；而从长远来看，外在奖励却会削弱我们做这件事的动力。内在动机是"好的"，外在动机是"坏的"。这就是结论。

不过谢尔顿的直觉告诉他，实际情况可能比这个结论要更复杂。从 20 世纪 90 年代开始，他就想研究一下我们是否遗漏了动机科学中的一些关键因素。是的，从表面上看，证据似乎很确凿，外在动机"不如"内在动机。但与此同时，在现实生活中，我们显然也经常受外在奖励所激励，而且效果很好。

想象一下，一个学生（我们姑且称她为凯妮丝）正在为考试而学习。凯妮丝并不喜欢学习过程本身，所以她并没有内在的学习动机。目前，她的学习动力并非出于单纯的学习乐趣。

那么凯妮丝是如何激励自己学习的呢？

以下是一些选项：

- **选项 A**：我学习是因为父母逼我学习。我讨厌这门课，但如果我没有通过这门课，我会被禁足一月。我需要用学习来避免这个可怕的惩罚。

- **选项 B**：我学习是出于一种负罪感。我讨厌这门课，但我知道我的父母为了把我送到这所学校费了很大劲儿，我应该珍惜这个机会，好好学习，才能考上一所好大学。不学习的时候，我会感到焦虑和内疚，所以为了这次考试，我每天晚上都会花几个小时来学习。

- **选项 C**：我学习是因为我真心希望在学校表现优秀。是的，我讨厌这门课，但我必须通过这次考试，才有资格选修明年我真正想上的那些课。我要努力学好那些课程，因为我真的想上大学，开阔视野，也许将来还能申请医学院。我的父母并没有强迫我做这些事。是的，如果我失败了，他们会很失望，但我不是为了他们而学习。我是为自己学习。

这三个选项都属于"外在动机"的范畴：在每种情况下，

凯妮丝都不是因为学习本身是一件快乐的事而学习。相反，她学习是为了达到某种外部结果（避免惩罚、消除负罪感或选修自己想要的课程）。但很明显，这三个选项代表了截然不同的工作和生活态度。选项 C 可能还是一种相当健康的激励方式：它鼓励凯妮丝朝着自己珍视的目标而努力，尽管过程本身并不令人愉悦。

　　凯妮丝的例子说明，事实上，并非所有的外在动机都是"坏的"。就像凯妮丝要学习她讨厌的课一样，我们有时不得不做一些自己不喜欢的事。即使一开始喜欢做某事，但时间长了，也会有遇到困难的时候。这时，如果有人跟我们说"享受过程，就能坚持下去"之类的话就不会起到什么作用。

　　✈ **并非所有的外在动机都是"坏的"。**

　　这又把我们带回了谢尔顿和太平洋山脊步道。谢尔顿开始怀疑，任何踏上太平洋山脊步道的人，都有可能在某一时刻经历了内在动机的崩溃。他想知道，是什么激励他们继续前行的呢？

　　他决定测试一下。2018 年，谢尔顿招募了一批对徒步太平洋山脊步道感兴趣的人。这群人的能力参差不齐：其中

7 人从未徒步旅行过；37 人徒步旅行过几次；46 人背包徒
步旅行过很多次；4 人一生都在徒步旅行。在徒步旅行开始
之前，谢尔顿让参与者对以下陈述的准确性进行评分，从而
判断他们的动机，每种陈述都表明了不同类型的动机：

"我徒步太平洋山脊步道是因为……"

- 徒步太平洋山脊步道很有趣。
- 徒步太平洋山脊步道对我自身很重要。
- 我想为自己感到骄傲。
- 如果我没有徒步太平洋山脊步道，我会觉得自己很失败。
- 如果我完成了徒步太平洋山脊步道，一些对我重要的人
  会更喜欢我。
- 说实话，我不知道为什么要徒步太平洋山脊步道。

当谢尔顿查看数据时，他发现几乎所有的徒步旅行者在
马拉松徒步期间，内在动机都有所下降。这并不奇怪。当你
花 5 个月的时间徒步穿越 2 650 英里的冰天雪地时，你很
难真正享受每一步。

谢尔顿更感兴趣的是，当徒步旅行者的内在动机不可避
免地下降时，他们会转向哪种形式的外在动机。2017 年，

许多科学家开始觉得，就像凯妮丝为考试而学习一样，除了单纯的内在动机，还有三种不同类型的外在动机。

它们属于一个谱系，称为"相对自主连续体"（RAC）：

- **外部动机。**"我做某事是因为如果我这样做，对我重要的人会更喜欢和尊重我。"给这句话打高分的人具有较高的外部动机。
- **内省动机。**"我做某事是因为如果我不这样做，我会感到内疚或难过。"给这句话打高分的人具有较高的内省动机。
- **认同动机。**"我做某事是因为我真的重视它能帮助我实现的目标。"给这句话打高分的人具有较高的认同动机。
- **内在动机。**"我做某事是因为我喜欢这个过程本身。"给这句话打高分的人具有较高的内在动机。

我们可以将这四种动机描绘在一个从自主性较低到自主性较高的谱系上（见图 9-1）。

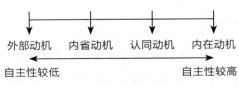

图　9-1

　　外部动机是外在动机中自主性最低的一种形式：我们不受任何内在力量的激励，而是被他人对我们的看法、制定的规则或给予的奖励所左右。再往右看，认同动机是自主性最强的一种外在动机：尽管也是为了某种外部奖励而做某事，但我们非常看重这一奖励或目标的价值——关键是，这种价值观是由我们自己决定的，而不是别人强加给我们的。

　　利用以上分析框架，谢尔顿从太平洋山脊步道徒步者身上发现了一些有趣的东西。他发现，最能预测徒步旅行者表现情况的因素是：当内在动机减弱时，他们利用哪些特定的外在动机来激励自己。他收集了有关徒步旅行者的动机、健康状况和徒步旅行表现情况的数据，结果表明：那些具有较高水平的内省动机和认同动机的人更有可能完成徒步旅行。他们想办法利用这些外在动机来鼓励自己前行，即使在自己遇到困难时也能坚持下去。

　　与此同时，谢尔顿询问每位徒步者在徒步旅行时的心情。他使用了心理学公认的主观幸福感量表（SWB）来测量他们的"幸福感"。他有了第二个有趣的发现：认同动机是唯一能提升幸福感的外在动机。换句话说，那些通过让自己的行动与价值观相一致来激励自己的人，不仅完成了徒步旅行，而且也感到最快乐。我们可以说，这些徒步旅行者产生了"好心情生产力"，尽管谢尔顿并没有使用这个词。

这项研究暗示了降低职业倦怠风险的最后一种方法。我们在前文中已经探讨了如何避免"过度疲劳倦怠"和"耗竭性倦怠"。"过度疲劳倦怠"是由于承担过多工作而产生的，而"耗竭性倦怠"则是由于工作过于努力而产生的。但还有第三种倦怠：我称之为"错位性倦怠"。

当我们的目标与自我认同不一致时，我们就会产生负面情绪，这就是"错位性倦怠"。因为我们的行为没有遵从内心，所以我们感觉不够好，收获也不够多。

这种情况下，我们的行为受外部力量所驱动，而非源自我们的自我认同和行为之间深层的一致性。这种一致性只有在内在动机或认同动机的驱使下才能产生。

解决办法是什么？找到对你真正重要的东西，并使你的行为与之保持一致。

这是一种变革性的方法，它能从根本上让我们感受到更美好的生活。我们已经讨论过，每个人都必须做一些自己不喜欢而别人期望我们做的事。比如，我并不喜欢把车开去进行维修，也不喜欢打扫厕所。在这些时候，我们不喜欢自己所做的事——而这会耗尽我们的精力。但是，我们可以调整当下的行动，使之与更深层次的自我相一致，从而保持"好心情生产力"。

长期视角

如何使自己的行动与价值观保持一致呢？从长期视角考虑问题会有所帮助。我说的是真正的长远。

以 1994 年洛杉矶地震为例。1994 年 1 月 17 日，一场 6.7 级地震震撼了整个城市，造成 57 人死亡，数千人受伤。幸存者中有塞普尔韦达（Sepulveda）退伍军人事务医疗中心的员工。该中心距离震中仅 2 公里，在地震中遭到了严重破坏，许多员工的家也被摧毁了。

肯塔基大学的艾米莉·莱金斯（Emily Lykins）教授领导的一组研究人员通过这次灾难来探讨一个简单的理念：想到死亡，我们会对生命有更清晰的认识。

✈ **想到死亡，我们会对生命有更清晰的认识。**

科学家们让退伍军人事务医疗中心的 74 名员工填写了

两份调查问卷，以了解他们在地震发生前后对各种人生目标的重视程度是否发生了变化。这些目标分为内在目标（如培养亲密的友谊和实现个人成长）和外在目标（如职业发展和物质财富）。他们还问参与者"你是否觉得自己可能在地震中死去？"这种问题，以便了解参与者在多大程度上经历了"死亡威胁"。

　　问卷数据显示了一个清晰的结论。地震发生后，员工们更加重视内在目标，而不是外在目标。更重要的是，他们经历的死亡威胁感越强，转向内在目标的倾向就越明显。例如，一位曾经只为职业发展和物质财富而奋斗的员工，现在正投入更多的时间和精力来培养与家人、朋友之间的亲密关系。另一位员工，以前通过外界的表扬来验证自我价值，现在则开始追求创造性的工作和个人成长。

　　这个例子说明了为什么要从最长远的视角考虑问题，即思考生命的终结，会很有帮助。当我们把目标和行动与有意义的存在感相联系时，就会产生认同动机。但问题是："对你来说，什么是有意义的存在？"如果你向 50 个人提出这个问题，能有 2 个人给你明确答案，你就已经很幸运了。这是个很难回答的问题。

　　这时，我们可以用到洛杉矶的科学家们所确定的方法。想一想你生命的终点，从而重新评估此时此刻什么是最重要的。

实验 1：悼词法

　　幸运的是，正如莉·佩恩（Leigh Penn）的讣告所显示的，你不需要经历灾难性的地震，就能以生命的终结为出发点来看待你的人生。

　　"莉·佩恩，高危青少年的守卫者，享年 90 岁，"她的生平描述写道，"莉一直在为消除机会不均等而不懈努力。"讣告生动地描述了她参与的一些重要的事业，包括领导一家创新型慈善机构，为贫困青少年提供教育机会，以及帮助美国海军推出一项为缺少服务的社区提供培训的计划等。但是，即使在职业生涯中取得如此高的成就，莉也从未忽视自己的人际关系。讣告写道："尽管拥有 MBA 学位并担任首席执行官，莉最喜欢的头衔还是妈妈。"

　　这可是一段非凡的、"有影响力"的人生。不过有几个问题要澄清：第一，佩恩实际上并没有取得讣告中的任何一项成就；第二，她还没有到 90 岁的高龄；第三，她没有真的去世。

　　实际上，佩恩是斯坦福大学商学院的学生，她正在学习一门著名的课程："有价值的人生"。罗德·克雷默（Rod Kramer）教授经常要求学生为他们自己写讣告，假设他们过着理想的生活——他们所能想象到的最好的生活——直到生命的尽头。

　　该门课程的介绍如下："本课程的目标是改变你对自己的生命及其对世界影响的看法。"对许多人来说，包括佩恩在内，这门课程的影响巨大。后来她写道："这让我停下来问自己，我是否给了我爱的人足够的时间？我是否过于沉溺于职场竞争？"对死亡的反思可以启发我们该如何生活。

　　我自己也经常使用类似的方法。我称之为"悼词法"。我的方法不是把重点放在讣告上，而是放在葬礼上。只需要问自己："别人在我的悼词中说了什么，我会觉得很高兴？"想一想，你希望自己的家人、密友、远亲、同事在你的葬礼上说些什么。

　　这种方法可以帮助我们从他人的角度来回答"我看重的是什么"这个问题。在你的葬礼上，即使是你的同事也不太可能说："他帮助我们完成了几百万美元的生意。"他们会谈论你是个什么样的人：你的关系、你的性格、你的爱好。他们会谈论你对世界的积极影响，而不是你为老板赚了多少钱。

现在，将你所学到的运用到你今天的生活中。你希望几十年后人们记住的是什么样的你，为此你现在应该构建什么样的生活呢？

既然我们已经开始愉快地讨论这个话题，下面就让我们更贴近现实一些。

实验 2：奥德赛计划

20 世纪 90 年代初，比尔·博内特（Bill Burnett）在苹果公司工作了好几年。人们一直以为他的成名之举是帮助苹果公司设计了第一只苹果鼠标。但事实上，博内特参与了苹果公司几十个不同的项目，并很快成为设计团队中不可或缺的一员。也是在此期间，他敏锐地洞察到了好的设计与人类需求之间的交集。

有一天，他萌生了一个非常有趣的想法。他想，那些用来设计世界顶尖产品的工具能否用来设计人的生活？

在接下来的几年里，博内特提出了一种新的方法来打造更快乐、更充实的人生，他称之为"设计你的生活"。通过将设计思维应用于个人发展，博内特认为他能帮助人们过上更真实、更忠于内心的生活。这种方法最后成为斯坦福大学"设计你的生活"这门课程的基础。

　　我第一次发现"设计你的生活"这个方法时，受到很大的启发。当时，作为妇产科的一名初级医生，在我工作的第二年零几个月，我有点儿陷入困顿。我很清楚自己是什么样的人。我知道自己喜欢医学，喜欢教医学院的学生，有一个规模不大却亲密的朋友圈，喜欢每周六上午去剑桥市中心我最喜欢的咖啡店。但是，我对自己想要的生活却毫无概念。

　　这时，一位朋友告诉我，与课程同名的图书《斯坦福大学人生设计课》中有一个特定的练习题，能把我想要的生活从模模糊糊的想法变成有据可依的清晰画面。这种方法叫作"奥德赛计划"（见图 9-2）。

你当前的道路　　你的另一条道路　　你的激进道路

图　9-2

　　这个练习围绕一个简单的问题展开：你希望五年后的生活是什么样子？没有什么特别深奥的东西呀，我想。任何曾

参加过普通求职面试的人都思考过这个问题。但是博内特的
设计思维提供了一种不同寻常的方式来回答这个问题。他请
你思考以下问题：

- **你当前的道路**：详细写出如果你继续现在的道路，5 年
  后你的生活是什么样子。
- **你的另一条道路**：详细写出如果你选择一条完全不同的
  道路，5 年后你的生活是什么样子。
- **你的激进道路**：详细写出如果你选择一条完全不同的道
  路，而且不在乎金钱、社会义务和别人的看法，那么 5
  年后你的生活是什么样子。

问题的关键并不在于以上哪一种情形会成为你的"具体
计划"（在人生规划方面，显然没有什么具体计划）。这样做
的意义只是让你对各种可能性敞开心扉。

对有些人来说，第一个选项恰好是他们真真正正想要的
东西。如果你是这样的人，祝贺你，说明你已经与未来的自
己保持一致了。但对很多人来说，这个方法会让你意识到，
你现在的道路并不是你真正想要的。

对我来说，写下奥德赛计划让我意识到，我正在追求的

生活，即成为一名全职医生，已经不能让我感到兴奋。我目前的人生轨迹满是"在英国接受麻醉学住院医师培训"等诸如此类的安排。看到自己写下的文字，我意识到这正是几年前自己曾追求的道路，但在此期间，我的内心发生了变化，使得这个理想似乎不再那么令人振奋。

于是我改变了方向。我的奥德赛计划激励我专注于自己的创业项目，而不是继续当前的道路，成为一名医学顾问。直到今天，每当我处于人生的十字路口时，我都会重复这个练习。通过描绘出前方的各条道路，你能找到自己真正想走哪一条。

中期视角

从长远的角度考虑问题，有助于我们大致确定对自己重要的东西。但是你可能会觉得有些模糊。毕竟，如果你现在只有二十多岁或三十多岁，半个世纪后（希望能活到这么久）的悼词会显得很遥远。如何将这些抽象的人生规划变成连贯的策略，指导你明年的生活呢？

对此有一个简单的方法，科学家称之为"价值观确认干预",这是一个科学术语,意思是找到你现在的核心个人价值观,并不断地对其进行反思。在上面的内容中,我们勾勒出了一些理想的人生规划。通过对这些价值观的确认,我们可以把它们转化为一套具体的计划,指导自己明年应该做什么。

当你对实现长期目标缺乏自信时,这些干预措施尤其有效。发表在《科学》杂志上的一篇论文提到,有一个心理学家小组利用价值观确认干预来缩小物理成绩的性别差距,而物理学科在很大程度上由男性主导。三宅明(Akira Miyake)及其同事招募 400 名学生组成了一个班级,班级中大部分女生的物理成绩都不如男生,而且她们自己也认为男生比女生更适合学习物理。

三宅明使用了典型的价值观确认练习进行干预。他向每位学生都出示了一份包含 12 种价值观的清单:

(1)擅长艺术。

(2)创造力。

(3)与家人和朋友的关系。

(4)政府或政治。

(5)独立性。

（6）学习和获取知识。

（7）运动能力。

（8）属于某个社会团体（如你所在的社区、种族团体或学校俱乐部）。

（9）音乐。

（10）职业。

（11）精神或宗教价值观。

（12）幽默感。

有一半学生被要求写出以上哪三种价值观对自己最重要，以及他们选择这三种价值观的原因。另一半学生被要求选出对自己来说最不重要的三种价值观，并写出为什么这三种价值观对其他人来说可能很重要。这个简单的写作练习对他们的期中考试产生了巨大的影响：干预措施显著缩小了考试成绩的性别差距，提高了女生的成绩。尤其值得一提的是，那些曾受性别刻板印象影响，倾向于认同"男性在物理方面比女性更出色"这一说法的女生，在接受了这一写作练习后，其学业表现有了显著提升。

为什么会这样呢？一种可能的解释是，通过确认自己的价值观，这些女生能够记住对她们来说最重要的东西，并在考试中牢记于心。

✈️ **价值观确认使抽象的理想变成现实，并提升我们的信心。**

价值观确认使抽象的理想变成现实，并提升我们的信心。唯一的问题是如何找出这些价值观，并充分利用它们。

实验 3：生命车轮

我第一次思考价值观确认的问题，是在医学院的最后一年。记得在一个炎热的夏日，我坐在狭窄、闷热的阶梯教室里，心中略有不快。这本该是一个值得庆祝的时刻：我的五年级考试结束了，每个人都要去不同的国家进行"医学选修课"的学习，这是为期两个月的实习项目，我们可以在世界任何地方获得医学经验。我和我的朋友本以及奥利维亚将在下周飞往柬埔寨金边的儿童外科中心。

但在此之前，我们还要参加为期一周的烦人讲座，其中一场讲座的主题是"怎样成为一名成功的医生"。我感觉这有点过分。我想说，这不就是我们过去五年一直在学的内容吗？因此，当导师利利克拉普（Lillicrap）博士告诉我，这节课不是关于医疗工作的乐趣，而是关于如何定义"成功"时，我特别吃惊。

利利克拉普博士解释说，对众多医学院学生来说，"成功"通常等同于学术荣誉和华丽的头衔。他强调说，成功的含义远不止这些。然后，他开始分发一些纸张，纸上有一个简单的练习："生命车轮"。

他说，"生命车轮"是一个指导框架，我们可以用它来定义成功。首先，你要画一个圆，然后把它切成九段。在每个轮辐的边缘，写下你生命的重要领域。以下是博士推荐的方法，作为我们讨论的起点，当然，你也可以提出自己的方法。我们有三个健康领域（身体、心理和灵魂）、三个工作领域（使命、金钱和成长）、三个关系领域（家庭、爱情和朋友），如图 9-3 所示。

接下来，你需要评价自己在每个领域的一致性程度。问问自己："我觉得自己目前的行为在多大程度上与我的个人价值观一致？"并在相应的部分涂上颜色：如果你觉得一致，就全部填满；如果你觉得完全不一致，就空着。

"生命车轮"为我带来了有趣的启发。这是我第一次略微系统地思考自己真正想要的生活。我一直有一个模糊的目标，那就是成为一名医生的同时做一些技术方面的工作，但"生命车轮"为我提供了合适的词汇，让我更有策略地思考人生。

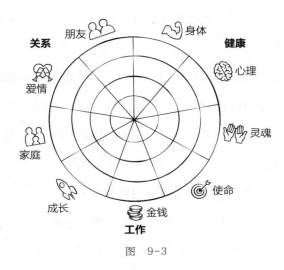

图 9-3

我的一致性程度最低的三个领域是爱情（关系的一部分）、身体（健康的一部分）和使命（工作的一部分）。这一结论促使我采取行动。我开始约会、健身并认真考虑创业这件事。事实上，我在柬埔寨实习期间就录制了我的第一个视频。在短短几分钟内，"生命车轮"让我明确了对自己最重要的东西是什么。

实验 4：12 个月后的庆祝活动

生命车轮在一定程度上解释了如何将价值观转化为一系列连贯的具体目标。它激励我发布了第一个视频。它还激励我至少两位同学彻底放弃了医学（这可能并不是利利克拉普博士的本意）。

但这一方法仍然有些遥远：我们讨论的还是抽象的价值观，而不是具体的行动计划。这时，我们需要第二个方法："12 个月后的庆祝活动"。这是我最喜欢的一个方法，它能将梦想变成行动。这个方法很简单：想象一下，现在是 12 个月后，你要和最好的朋友共进晚餐。你们要庆祝在过去一年里，在各自重要的生命领域取得了哪些进步。

回顾一下你在生命车轮中确定的价值观。现在，写下你在每一个方面取得的进步，如表 9-1 所示，以便与你最好的朋友分享。

表　9-1

类别	值得庆祝之事
健康	**身体**：在过去的 12 个月，我找到了一种符合自己生活方式和偏好的锻炼方式，体重也减轻了 15 磅 **心理**：在过去的 12 个月，我把心理健康放在首位，开始接受心理治疗。它帮助我提高了自我认同感，让我更有效地管理压力

（续）

类别	值得庆祝之事
健康	**灵魂：** 在过去的 12 个月，我坚持每天冥想，并参加了一次心灵静修
工作	**使命：** 在过去的 12 个月，我成功地换了份工作，这份新工作发挥了我的特长，让我感觉更充实快乐 **金钱：** 在过去的 12 个月，我还清了大部分学生贷款，并开始存钱，为买房准备首付款 **成长：** 在过去的 12 个月，我完成了一门在线课程，它拓展了我的技能，使我更容易获得工作机会
关系	**家庭：** 在过去的 12 个月，我定期探访家人或与他们通话，我们一起度过了更多时间 **爱情：** 在过去的 12 个月，我与伴侣更坦诚地交流，我们加深了彼此间的关系 **朋友：** 在过去的 12 个月，我定期与老朋友们取得联系，并建立了新的关系，我的社交圈更加多元化，并得到了更多的支持

把这个表格列出的内容看作是第 4 章中"水晶球法"（见实验 4）的一个乐观版本。那时，我们关注的是事情是如何出错的。这里我们关注的则是如何把事情做好。问问自己："如果 12 个月后我要举行庆祝活动，我需要在这一年做些什么来实现这个目标？第一步应该做什么？去健身？完善一下简历？把每周与妈妈聊天列入日程表？"

突然之间，你的价值观不再是遥远的未来，它变成了你在未来几个月的行动计划。

短期视角

对有的人来说，以上这些使具体目标与价值观保持一致的方法可能还是太遥远了。明年你会成为什么样的人，依然让人觉得遥不可及。你需要找到一种方法，使你当下的行为与价值观保持一致。

现在，我们的目标是使日常行为与我们内心深处的自我意识保持一致。这不仅会让我们感到轻松，也是催生"好心情生产力"的最强大力量之一。新西兰怀卡托大学的研究人员安娜·萨顿（Anna Sutton）通过梳理包含 36 000 多个数据点的 51 项研究结果，探索忠于内心的日常生活与身心幸福之间的关系。她的研究结果不仅证明了二者之间的正相关关系，还显示了忠实于内心与"专注程度"之间的正相关关系。这是一个惊人的发现。当人们的日常行为符合自己的价值观并获得自我认同时，他们不仅更快乐，也更专注。因此，保持二者一致性的最后一个要素是思维方式的转变：从"一生"或"多年"的角度转换到"日常生活"的层面来考虑价值观问题。

问题是如何做到这一点。我们每天都在做出一些偏离自己价值观的决定。一个人珍视自由，却为了得到股权而继续做着一份受人控制的工作。一个人重视亲密关系，却把大部分时间花在工作上，忽略了与家人和朋友的相处。这些都是日常生活与我们的内心渴望不一致的情况。

✈ 有了合适的方法，我们就能巧妙地让自己回到最重要的事情上来。

但是，有了合适的方法，我们就能巧妙地让自己回到最重要的事情上来，从而更长久地保持我们的生产力，同时丰富我们的生活。

实验 5：三项任务

要将长期价值观融入日常生活，我最喜欢的方法基于一个简单的事实：短期目标比长期目标更容易实现。

心理学家几十年前就知道这一点。在一项著名的研究中，研究人员让一组在数学方面有学习困难的 7 ～ 10 岁的儿童为自己设定未来几天的目标。他们被分为两组，并接受略微不同的指导。第一组的目标是在接下来的 7 次课中，每次完成 6 页数学题；第二组的目标是在所有课结束前完成

42 页数学题。

　　当然，这两组儿童的目标是一样的，只是实现方式不同——在两种情况下，他们最终都要完成 42 页的数学题。然而，专注于短期目标而非长期目标所产生的效果非常显著。设定近期目标的孩子们表现得不只是好一点点，他们的成绩是另一组孩子的两倍——他们做题的正确率是 80%，而另一组只有 40%。更重要的是，他们在实验结束时感到更自信了——这是产生好心情的重要途径。正如组织心理学家塔莎·尤里奇（Tasha Eurich）所总结的那样："近期目标不仅帮助这些孩子更好地答题，还改变了他们对数学的态度。"

　　这个研究结果与践行自己的价值观有什么关系呢？答案是，它有助于我们缩短自己当前所处的位置与理想目标之间的距离。

　　"12 个月后的庆祝活动"这个方法可能会让你望而生畏。我常常觉得遵循自己的价值观过好一天都很难，更别说一整年了。这正是我们需要从孩子们做数学题的实验中学习的地方。每天早上，只要选择三项任务，就可以让自己朝着一年后的目标迈进一小步。

　　就我个人而言，我把"12 个月后的庆祝活动"保存在谷歌文档中，并把它收藏在我电脑的浏览器上。每当我坐下来开始工作时，我都会打开浏览一下，提醒自己 12 个月后的庆祝活动会是什么样子。然后，在健康、工作和关系这三个领域，选择一个类别来关注。以下是我今天早上的三项任务：

- 健康：15:30 ～ 16:30 去健身房锻炼。
- 工作：第 9 章的写作取得进展。
- 关系：给祖母纳尼打电话。

这种方法不仅适用于像我这样的健身爱好者、作家、深爱着祖母的人。假如你是一名大学生，想要提高成绩、保持健康并增进友谊，你一天的三项任务可能是：

- 健康：下课后跑步 30 分钟。
- 工作：为准备明天的考试学习一小时。
- 关系：学习结束后和凯瑟琳一起喝咖啡。

假如你是一位职场父母，整日为工作、健康和家庭生活忙碌奔波。你一天的三项任务可能是：

- 健康：午餐休息时散步 15 分钟。
- 工作：午餐前完成项目提案的初稿。
- 关系：为家人做一顿健康的晚餐，并与他们共度美好时光。

这种方法的好处是，它减少了长达 12 个月的宏大目标所带来的恐惧感。通过关注眼前的、短期的行动，而不是整年的计划，可以将践行个人的价值观变成一件即刻可行之事。

实验 6：一致性实验

十年前我开始研究"好心情生产力"时，我最重要的发现并不是某一项研究、某一个观点，而是一种思考的方法。我把从医学院学到的科学思维方式用于思考幸福、满足感和效率等问题，一切都迎刃而解。

因此，最后一个练习就是，让我们回到出发点，学会像科学家一样思考生产力问题。我们需要做一些实验来了解哪些事情能让你活得更有意义，并利用这些信息来指导你的日常生活。

"一致性实验"可以帮助你找到使日常生活更符合自己价值观的方法。这个过程包含三个阶段。

第一个阶段，找到生活中让你感到特别不满足的领域。"悼词法""奥德赛计划"及"生命车轮"的练习可能已经帮助你找到了问题所在。即使没有这些练习，你可能也会感到自己的工作、人际关系或爱好等一个或多个方面不符合自己的价值观。你可以想一想，是否有什么事情让你觉得不太对劲？

比如有一位律师，多年来一直在职场上摸爬滚打，一路攀升，但他逐渐意识到，加班加点的工作和高压的环境对他的个人生活造成了许多不良的影响。对他来说，"一致性实验"意味着要做出更符合其价值观的工作安排。再比如一个大学生，他基于外部的因素选择了一个专业，比如家人施加的压力，而不是源于自己真正的兴趣。他会觉得自己很难投入到课程学习中，还会担心自己没有为将来的职业生涯做好准备。在这种情况下，"一致性实验"可能意味着要更换学习路径。

第二个阶段，找到一个假设条件。我们要用科学家的思维方式来思考问题，这意味着我们需要采用实验思维。所有科学实验都有一个"自变量"，通过改变这个自变量，观察它可能产生的影响。假如你能改变生活中的一个自变量（仅此一个），那会是什么呢？它会对你的生活产生什么影响呢？

这就是你的假设条件。对那位情绪低落的律师来说，这个假设条件可能是："调整我的工作时长会帮助我更好地平衡工作和个人满足感。"对那位压力重重的学生来说，他的假设条件可能是："学习与我个人兴趣和价值观相符的课程，将帮助我在学业上获得更大的满足感和动力。"

第三个阶段是最关键的：实施并做出改变。同时，观察它对你的生活以及自我实现感带来的影响。

要使实验奏效，重要的是，把这种改变局限在一定的范围内。如果你彻底改变生活的每个方面，就无法确定到底是哪个因素导致了你的情绪和自我实现感的变化。因此，要从小的改变开始。对于那位律师来说，这可能意味着与老板协商，为自己安排 3 个月的兼职工作，或者将耗费精力的活动交给下属处理，以便自己专注于那些能让自己充满活力的项目——而不是立即辞职。对于那位学生来说，这可能意味着报名参加一门不同领域的课程——而不是立即换专业。

同时，要记录下这些改变有什么效果。为你的体验记好日志或笔记，包括一路走来你遇到的挑战、取得的成就以及收获的感悟。通过这些实验，你给了自己探索另一条路径的机会，而不必现在就做出需要长期投入的改变，至少现在还不用。

通过这些小实验，我们需要认识到，通往自我实现的道路没有明确的终点，自我实现是一个永无止境的过程。在人

生的实验室中探索时，我们必须勇于实验，在行动中学习，
边行边学。

小　结

- 当我们所做之事与自我认同不符时，就会产生"错位性倦怠"。纠正这种错位是持续一生的任务，需要你不断地去发现自己真正想要的东西，并相应地改变自己的行为。

- 有一些出奇简单的方法，让你知道现在对你来说最重要的是什么。首先，着眼于长期未来。试着想象一下自己临终前的样子。虽然这听起来有点疯狂，但这是个很好的方法，能让你清楚地了解自己现在想要的生活。

- 然后，想想你的中期未来。想想一年后你想庆祝自己取得了哪些成就。然后问问自己：这场 12 个月后举办的庆祝活动，对我本周的生活有什么影响？

- 最后，为短期未来做好准备。因为好消息是，你现在就可以迈出第一步，使自己的行为符合自己的价值观。现在想一下，做完哪三项任务会让你一年后离自己想要的生活更接近了一点？

结束语 🔋

像生产力科学家一样思考

    从我居住的公寓到伦敦一家很大的医院只需步行 10 分钟。有时候，当我无法集中精力时，我就会一路向东漫步，穿过牛津街人潮拥挤的商店和马里波恩宏伟的维多利亚式梯田街道，走进这家医院宽敞而现代的入口大厅。我会在前台买一杯咖啡，花几分钟时间观察那些匆匆忙忙在走廊里穿梭的医生们。我感叹，自从改变我命运的圣诞节值班日，也就是我把医疗用品托盘掉在地上那天之后，竟然发生了那么多变化。

那些身穿手术服的医生们看起来大都比我记忆中要放松得多，真是让人羡慕。看着他们，回想自己从那天开始，竟学到了那么多东西。想起那个灾难性的下午，也是我在医院病房的第一次假期值班，我意识到，我当时的错误并不在于我对生产力的具体想法，而在于我对这个问题的思考方式。

当时，我所有的基本策略都是错误的。我没有从如何让自己心情更好的角度来思考生产力，而是从纪律约束的角度来看待它：我需要给自己施加更大的压力，从而让自己做得更多。我没有努力将"玩""权力"和"人"的力量融入每一次病房值班，而是将自己的无聊感、无力感和孤独感变成了一场灾难。我没有努力从马上要做的手动排空手术中寻找乐趣，而是花了几个小时反复考虑这个过程会有多么可怕。（平心而论，确实很可怕。）

之后的几年里，我的生活发生了翻天覆地的变化。现在的我已经知道，生产力与纪律无关，而是要多做一些能让你感觉更快乐、压力更小、更有活力的事情。我还知道，摆脱拖延症和职业倦怠的唯一方法就是从你当下的处境中找到快乐——哪怕你刚刚把 136 瓶药液弄得满身都是。

那时，我真正的错误并不在于我掌握的生产力技巧，而在于我的整个战略是错的。当时的我坚信，只要我学会了所有的生产力技巧，阅读了所有的互联网博客，我就能实现自己的愿望。而这与我真正需要的方法恰恰相反：我需要学会像生产力科学家一样思考。

这就是为什么我希望本书提供的最后一个方法是一致性实验。因为从长远来看，只有抱着实验的态度，你才有希望掌握生产力的秘诀。在本书中，我分享了几十个对我有用的实验。其中一些对你可能有用，有些可能没用。这没关系。

请记住，这本书并不是一份待办事项清单，它是一种哲学，一种创建属于你自己的个性化生产力工具包的方法。它能让你每天都收获好心情带来的神奇回报，并经久不衰。它是一种以实验的精神对待日常项目和任务的方法。

因此，我建议你：尽可能多地尝试，找出对自己有效的方法，摒弃无效的方法。尝试每一种新方法前都要问问自己：这对我的情绪有什么影响？对我的精力有什么影响？对我的生产力有什么影响？不要死记硬背获得好心情生产力的方法。用实验的方式找到自己的方法。

归根结底，只有不断评估适合自己的方法，你才能找出如何长期保持好心情的方法。生产力科学是一个正在发展的领域，而你自己也在不断成长。还有很多东西需要我们进一步探索。然而，当你在生活中运用这些原理时，你会找到最适合自己的理念、策略和技巧。它们很可能比我提出的方法更有用，这是因为它们来自你的内心。

✈ **不要死记硬背获得好心情生产力的方法。用实验的方式找到自己的方法。**

所以，享受这个过程吧。在这个过程中，请记住不要追求完美。这是一个有策略地不断摸索着找到有效方法的过程。失败时吸取教训，成功时好好庆祝。把你的工作从消耗能量的负担转变为提供能量的源泉。

这种心态很难养成，但一旦养成，一切都会改变。如果你能挖掘出让你感觉最有活力和生命力的东西，你就可以做成任何事情。而且你会享受这段旅程。

我迫不及待地想看看你的下一段冒险之旅将通往何方。

Ali xx

致谢 🔋

首先，我要由衷地感谢你们——我的读者，感谢你们选择了本书。2017 年以来，无论你们曾经点击、观看、聆听、阅读、点赞、评论、订阅过我发布的内容，还是一直在默默地关注我，每一次互动都是对我的馈赠。你们的关注对我来说就是全部，也让我得以做自己喜欢的事情谋生——学习奇妙的知识并与世界分享。

现在，我要感谢的人有很多。一本书，就像生活中所有美好的事物一样，承载着一个团队的努力。尽管封面上通常只有一个人的名字，但每本书的背后都是一个团队。让我很欣慰的是，本书背后的团队非常优秀。

让我从罗文·博彻斯开始，他是企鹅兰登书屋（Penguin Random House）旗下的基石出版社（Cornerstone Press）的编辑。罗文，你最开始的那封邮件开启了我的整个冒险之旅。在过去三年多的时间里，你一直是我坚定的支持者，在技术、后勤、文学，特别是情感方面为我提供各种支持，最终使本书得以问世。

还有麦克米伦出版公司（Macmillan Publishers）旗下的赛拉顿图书公司（Celadon Books）的编辑瑞安·多尔蒂。瑞安，你对这个项目进行了大胆尝试，你是这个项目在北美地区成功的关键。没有你的竭力推动，本书就不会有如此大的影响力。

另外一位出色的编辑是瑞秋·杰普森，感谢你用多年积累的专业经验一路帮助我。你教会了我许多关于如何成为一名作家的知识，我非常感激。你温和而积极的推动让我负起责任，偶尔严厉的关爱也同样对我很有帮助。我还记得我们之间的谈话，当时你问："写这本书真的是你的首要任务吗？看看你的日程表，好像并不是……"当时公司的业务让我忙得近乎疯狂，是你对这个项目的投入使它一直在向前推进。而本书也因为你的参与变得更好。

还有凯特·埃文斯，我的特别经纪人。凯特，你的鼓励和批评一直是我的指路明灯。我们之间的那些谈话每次都在我能量开始减弱时及时为我充电。

接下来是我团队中的重要成员伊内斯·李。在担任本项目首席研究员的同时，她还先后承担着剑桥大学研究员、约克大学讲师的工作，实属不易。伊内斯，你整合大量科学材料的能力着实令人赞叹。你不仅为本书，还为我们的视频和播客贡献了高质量的作品，我一直非常敬佩你。

还有杰克·爱德华兹，他的研究在本书的形成阶段发挥了重要作用。杰克，我由衷地感谢你的奉献，尤其是考虑到你同时还在为自己的著作、蓬勃发展的公司和快速壮大的社交媒体耕耘着。你在整合本书大纲方面所做的贡献为我之后的写作奠定了基础。

我又怎能忘记劳伦·拉扎维？我们的联系仅仅始于一条推特私信，但却产生了巨大的影响。劳伦，非常感谢你在整个过程中为我提供写作指导，并将凯特·埃文斯和瑞秋·杰普森介绍给我。这次机缘巧合的联系极大地影响了本书的写作过程。

阿祖尔·特鲁涅兹，我的写作导师，在项目早期，您的

话就是我的生命线。"你无法从瓶子里面读懂标签"（你无法
站在自身的角度看清自己）这样的话曾指导我走出了写作初
期的"骗子综合征"，帮助我欣然踏上写作之旅。此外，我
很重视您的宝贵建议："你不需要成为大师，做个向导就够
了"（这个观点最终被写进了书中）。

大卫·摩尔达沃，你在本书提案阶段对我严厉的关爱正
是这个项目所需要的。你完全否定了我最初写作的提案，迫
使我对本书想要传达的核心信息有了清晰的认识。我还要感
谢我的朋友，作家哈桑·库巴，他在几次头脑风暴会议上提
出的意见非常重要，帮助我塑造了更宏大的叙事。当然，还
有一位了不起的插图画家斯蒂芬·昆兹，是他让书中所有的
图表都变得生动起来。斯蒂芬，你的艺术造诣让本书的图表
看上去非常精美。

我还想向本项目的无名英雄们表示最深切的感激：基
石出版社和赛拉顿图书公司孜孜不倦、努力工作的团队。首
先，要衷心感谢基石出版社团队：爱丽丝·杜温、埃蒂·伊
斯特伍德、萨拉·雷德利、玛格丽塔·桑采娃、阿努斯
卡·利维、罗斯·瓦迪洛夫和埃比安·埃加勒，以及所有幕
后工作人员。

同样，我要衷心感谢赛拉顿图书公司团队：黛布·福特、蕾切尔·周、詹妮弗·杰克逊、杰米·诺文、安娜·贝尔·欣登朗、克里斯汀·米基蒂辛、丽莎·布尔、费斯·汤姆林、艾琳·卡希尔、安妮·特梅和丽贝卡·里奇。你们的不懈努力为本书成为现在的版本起到了至关重要的作用。最后，感谢哈里·海顿为本书（英文版）设计的精美封面。

感谢伦敦 ID Audio 公司杰出的音频制作人亚历克斯·雷门特和莱斯利·伍德，是你们帮忙为本书制作了有品位、有幽默感的有声书。

在写作本书的这些年，我意识到写作界是一个可爱而健康的社区，本书从这个大家庭中受益匪浅。我要特别向以下作家、创作者、企业家和友好人士致敬：马修·迪克斯、德里克·西弗斯、瑞安·霍利迪、卡尔·纽波特、詹姆斯·克利尔、马克·曼森、朱莉·史密斯、蒂亚戈·福特、诺亚·卡根、约翰·泽拉茨基、劳伦斯·杨、查理·霍珀特、尼古拉斯·科尔、斯科特·杨、尼尔·埃亚尔、安妮 - 劳尔·勒·坎夫、帕特·弗林、赫·海和奥古斯特·布拉德利，等等。你们的集体智慧，无论是以书稿大纲、手稿评论、营销策略、Zoom 电话会议等形式，还是仅仅是一些传统的鼓励，对我来说都是无价之宝。谢谢你们能看到我身上的优点，感谢你们在百忙之中抽出时间来帮助我。

当然，也要感谢我自己的团队：他们日复一日和我并肩工作，从而创造出鼓舞人心、有教育意义的内容，帮助读者、观众和听众打造他们喜欢的生活。

首先是安格斯·帕克，我公司的总经理，我相信他总能保证公司正常运转。安格斯，在我躲在书房里读书、写作的时候，你就像一台操控机器，让公司顺利运转。没有你管理公司的日常运作，我就不会有足够的空间来全力投入这个项目。

巴夫·夏尔马和丹·安德顿曾在不同时期担任过我的助理，感谢你们给我混乱的生活和工作带来秩序。你们的贡献让这个艰巨的任务变得容易多了。

衷心感谢我团队的其他成员——丁丁、贝基、安布尔、加雷思、雅各布、艾莉森、阿迪、萨夫，以及所有帮助过我的优秀的自由职业者。没有大家的共同努力和创意，我们不可能取得今天的成就。还要感谢卡勒姆·沃斯利、保罗·特恩、辛·古里布、艾哈迈德·扎迪、巴勃罗·西姆科、伊丽莎白·菲利普斯和科里·威尔克斯。真诚地感谢你们所有人，感谢你们在本书创作早期提供的宝贵的反馈意见。

在这段旅程中，我无法忽视我的情感基石伊兹·西利。你对我一贯的鼓励和稳定的情感支持是至关重要的，在写作特别棘手的章节时，你还成为我头脑风暴的伙伴，这些帮助同样非常重要。你还是我理性的声音和动力的源泉，不时把我带回到正轨。

我要特别感谢我的哥哥泰穆尔·阿布达尔和嫂子露西娅·库尔特，他们忍受了我的混乱无序和旋风般的能量，尤其是在我们一起生活的最后这一年。你们的耐心已经超越了一般的家庭责任。在本书快要完成之时，你们给予了我救命之恩。

当然，如果没有家人的爱和支持，这一切都不可能实现。特别要感谢的是我的祖母纳尼，她教会了我英语，并为我灌注了学习的热情。您的激励、关爱和无限的鼓励是我生命的重要支柱。

最后，我要感谢我的母亲米米，作为一位单身母亲，为了让我和泰穆尔接受良好的教育，她多次背井离乡。您的牺牲、职业道德和无限的关爱是我所做一切的动力源泉。